实用服装裁剪制板
与成衣制作实例系列

套装与
背心篇

TAOZHUANG YU
BEIXIN PIAN

王晓云 等编著

U0390965

化学工业出版社
·北京·

《套装与背心篇》主要介绍了套装与背心的裁剪变化原理及流行裙装的裁剪与缝制。本书从人体结构规律和裙装基本结构原理出发，系统、详尽地对套装与背心的裁剪进行了分析讲解，归纳总结出一套原理性强、适用性广、科学准确、易于学习掌握的纸样原理与方法，能够很好地适应各种裙装款式的变化，并且加入了大量套装与背心成品的裁剪缝制实例，方便读者阅读和参考。

　　本书条理清晰、图文并茂，是服装高等院校及大中专院校的理想参考书。同时由于其实用性强，也可供服装企业技术人员、广大服装爱好者参考。对于初学者或是服装制板爱好者而言，不失为一本实用而易学易懂的工具书，可作为服装企业相关工作人员、广大服装爱好者及服装院校师生的工作和学习手册。

图书在版编目（CIP）数据

套装与背心篇/王晓云等编著. —北京：化学工业出版社，2013.12
（实用服装裁剪制板与成衣制作实例系列）
ISBN 978-7-122-18586-0

Ⅰ.①套… Ⅱ.①王… Ⅲ.①套服–服装量裁
Ⅳ.①TS941.631

中国版本图书馆CIP数据核字（2013）第237612号

责任编辑：朱　彤　　　　　　　　　　　文字编辑：王　琪
责任校对：边　涛　　　　　　　　　　　装帧设计：刘丽华

出版发行：化学工业出版社（北京市东城区青年湖南街13号　邮政编码100011）
印　　装：三河市延风印装厂
787mm×1092mm　1/16　印张16　字数396千字　2014年1月北京第1版第1次印刷

购书咨询：010-64518888（传真：010-64519686）　　售后服务：010-64518899
网　　址：http://www.cip.com.cn
凡购买本书，如有缺损质量问题，本社销售中心负责调换。

定　　价：49.00元

前　言

《实用服装裁剪制板与样衣制作》一书在化学工业出版社出版以来，受到读者广泛关注与欢迎。在此基础上，编著者重新组织和编写了这套《实用服装裁剪制板与成衣制作实例系列》丛书。

本分册《套装与背心篇》是该套《实用服装裁剪制板与成衣制作实例系列》分册之一。套装与背心的造型变化多种多样，特别是套装作为服装的主要品类之一，随着女性服饰越来越多元化，背心款式、面料的变化也更丰富，因其具有较强的装饰性，成为可与衬衣、裙子或裤子搭配穿着的外用服装，深受消费者喜欢。

本书以套装与背心纸样结构变化原理与方法为主线，介绍了套装与背心裁剪制板密切相关的服装号型标准与成衣规格设计方法等基础内容，并且用较大篇幅重点阐述了套装与背心廓型变化原理及其款式纸样裁剪及样衣制作等内容。书中列举了数百款有代表性的套装及背心裁剪制板实例，图文并茂，以便读者能够更好地理解本书介绍的原理方法与技巧。

本书共分为八章，具体内容如下：第一章介绍套装基础知识，由王晓云编写，主要内容包括套装的由来、分类、构成、面辅料选择及成品规格设计等；第二章介绍套装裁剪原理及变化，由王晓云、蒋蕾编写，主要内容包括套装上衣的撇胸、松量及衣身结构设计等；第三章介绍套装裁剪实例，由王晓云、何釜编写，列举了大量经典套装与时尚套装的裁剪实例等；第四章介绍套装样衣缝制，由徐军编写，主要内容包括套装缝制基础知识及全衬里西服套装缝制实例等；第五章介绍背心基础知识，由王晓云、冯华编写，主要内容包括背心的由来、分类及采寸等；第六章介绍背心结构变化原理，由冯华编写，主要介绍背心二次原型的制作及变化原理等；第七章介绍背心裁剪实例，由徐军、冯华编写，主要列举了经典背心与时尚背心的裁剪实例等；第八章介绍背心缝制，由王晓云、徐军编写，主要列举了西装背心、休闲背心及时尚背心套装的缝制实例等。

本书在编写过程中得到了众多专家及化学工业出版社相关人员的大力支持，在此深表感谢。由于水平所限，本书难免存在不足之处，敬请广大读者指正。

编著者

2013年11月

目 录

第一章　套装基础知识

第一节　套装的由来

一、套装的概念

套装（suit）一般是指用同一种面料制成的上下装的总称，而现在套装可以泛指上下可以配套穿着的服装，泛指一切套在衬衫、羊毛衫、背心等以外，与裙子、裤子配套穿用的服装，一般用同色、同质面料制作的两件套、三件套或用不同色或不同质面料制作的上衣与下装协调搭配的组合套装，从广义上讲，统称为套装。

对于套装的概念可定义为：上衣与下装由相同面料裁制或采用不同面料但在设计风格上相互协调搭配的，作为外穿使用的整套服装。

二、套装的由来

简便套装最早形成于20世纪初第一次世界大战后，其显著的功能性、独特的审美性以及经济性给传统的女性服饰以较大的冲击，奠定了女套装经久不衰的基础。轻便、简练、适用必然成为走向社会的女性穿着的基本要求，套装因此很快为职业女性所接受，并且逐渐成为女性的常用服饰。起初女套装的设计和制作趋向于单纯地沿袭和模仿男装的制作模式，可以说女套装是由男西服套装演变而来。

在中国，女套装的发展具有鲜明的中国特色，从辛亥革命时期，特别是"五四"新文化运动，开创了我国妇女解放的新纪元，高领短襟和裙子、裤子搭配套装普遍出现。第二次世界大战结束后，新中国成立，妇女在政治、经济、文化各个方面真正得到解放，纷纷走向社会参加工作，中西式短套装普遍出现。很多职业女性穿着与裤子、裙子配套的西式套装——列宁装。20世纪50年代后，又兴起了开关两用的翻驳领，两片装袖，四粒扣直开襟西式春秋套装。70年代后，出现了各种分割式如公主线、育克式等多彩多姿的春秋套装。80年代后，随着改革开放的步伐，各种西装式春秋套装、礼仪套装、制服套装、运动套装融入我国女性日常穿着中。20世纪末，沿海大城市的多数企业女性开始穿起西服式套装。

在西方，女套装来源于男西服，20世纪职业妇女活跃于社会后，仿效男西装式样穿着，于是有了女套装的诞生。男装中的西服、西服背心和裤子组成的三件套或没有西服背心的两件套服装均称为套装。女装同样以西服和裙子或裤子的搭配，构成代表性的套装。西方设计师才在充分吸取男西装及礼服套装的风格和造型结构的基础上，推出了强调突出女性的曲线美，显示职业女性高雅、端庄、干练的结构套装。流行款式、组合方式比传统套装更加丰富多彩，随意性强，成为国际性女套装的流行趋势。在如今生活方式个性化和价值观念多样化的社会中，套装作为女装的一个主要款式被广泛应用，像企事业单位制服、上街穿着的套装及正式礼服等，用于多种场合。

第二节　套装的分类

深入、系统地了解套装的种类划分、结构特点及其规格尺寸配比规律，有助于设计者准确、灵活地设计套装纸样。现今套装已经成为男女装的主流，无论日常穿着的职业服、休闲服，还是社交场合的礼服，都有其相应的"成套穿着"的模式，均可理解为"套装"。此时的套装，不再是狭义的由男西装改良而来的上衣与裙子或裤子的组合，而具有广义的"一整套衣服"的含义。套装的涵盖面如此之广，对其进行详细的分类势在必然。

一、按套装配套方式分类

1. 两件套套装（two-piece suit）

两件套是指用同色、同材质上衣与裙子或裤子的组合，要求整体统一和谐，是典型的传统套装。

2. 三件套套装（three-piece suit）

三件套是指用同色、同材质上下装与马甲的组合，大礼服的背心可为异色，要求套装有很强的整体感和统一性。

3. 组合套装（ensemble suit）

组合套装是指上装下装功能互补、搭配协调，可以用异色、不同质、不同款式的服饰相互搭配的套装。组合套装也包括调和套装，调和套装一般是指短上衣与连衣裙的组合或大衣与连衣裙的组合等，即一组内外、上下协调统一的服装，可以组合穿用，也可以单独穿用，无论设计还是穿着都十分灵活。

套装由三件套、两件套到组合套装的演变，使得女套装的形式由繁到简，穿用功能由少到多，穿着要求由保守到开放，穿着风格由庄重到随意，款型结构由男性化到女性化。之所以称其为组合套装是由其可以组合穿用而得名的，由于款式、质地、颜色搭配上的可变性、随意性，能显示不同的着衣效果，更加丰富了女套装的款式搭配效果，从而使套装更加受到人们的青睐，应用场合更加广泛。

二、按套装品类款式分类

1. 西装式套装

西装式套装的款型结构主要为西服三件套或两件套，称为西装风格的套装，领子、口袋、衣襟等款式造型根据用途及流行可以进行变化。款型结构主要有以下几种品类。

（1）西装式礼仪套装　西装式礼仪套装是指具有传统西服格调风格的礼仪式套装，一般款式华贵、制作精良，用于各种正式的礼仪场合，如晚会、婚礼场合等。这类套装，传统上男士穿用较多，但现代的女性也有穿用者，最为典型的就是燕尾服。

（2）西装式制服套装　西装式制服套装是指传统意义上的西装，主要用于职场或各种正式场合穿用的套装。其款式简单大方，较为经典的西装款式，如平驳领，单排三粒扣、四粒扣西装。通常以西装上装搭配西装短裙穿用，也有时会搭配裤装穿用。总体给人干练、职业的感觉。

（3）时装式西服套装　时装式西服套装主要是在保留传统西服套装基本款式的基础上加入更多的时尚休闲元素，使之更新潮或更具休闲时尚性。例如，更加修身或加入更多的装饰分割线、褶裥、滚边等变化，而且在面料的使用上也非常广泛，许多新型面料甚至皮革等面料均可以用于时装式西服套装。时装式西服套装也包括了休闲西服套装，此类套装的上下装搭配较传统西服套装更为随性，无须太拘泥于颜色、面料的统一性，但在风格上还是需要考虑整体的相关性。休闲西服套装在裁剪、结构、采寸等方面都较传统西服更加灵活，在制作工艺方面也较简便，更加注重追求舒适性与功能性，如图1-1所示。

图1-1　西服套装

2. 无领式套装

无领式套装的上衣为无领款式，领口可为圆领、一字领、船形领、V形领、方领等多种形式，简洁、时尚，无领式套装多用于夏季套装和春秋套装，经典传统的款式主要有以下几种。

（1）夏奈尔套装　夏奈尔套装是指由法国女设计师夏奈尔设计的无领套装，上衣无领无扣的短款上衣与裙子组合的套装，优雅柔和的廓型设计，在领口、袖口及门襟边缘有装饰的滚边设计，是该类套装的典型风格。衬衫和里料采用相同的布料也是其特点之一。

（2）开衫式套装　开衫式套装是指开门襟，胸前钉纽扣或用一个挂钩，多用无领V形领口的组合套装，又可分为裤套或裙套。

（3）卡迪干套装　卡迪干套装是指无领圆形领口或V形领口的单排扣长上衣与裙子的组合套装。源于克里木战争中立功的爵士卡迪干的名字。

3. 衬衫式套装

衬衫式套装是指衣领、袖口、前门襟部分等具有衬衫风格的上衣与裙子或裤子搭配的套装，属于休闲风格的套装，一般用于春夏套装。

4. 饰腰式套装

（1）游猎式套装　游猎式套装是指狩猎、探险等穿用，有腰带和衣袋，富于户外活动功能的套装。以游猎者的服装为原型，具有多功能、活动性的套装，在款式设计上，具有肩章、贴袋、腰带等明显的装饰特征。

（2）诺福克套装　诺福克套装的上衣的背部有束腰，后中线处有箱形褶裥结构，腰部有贴袋和相同布料制作的腰带，单排扣套装。原为狩猎用装，运动功能良好，其款式与穿着场合与男性猎装相仿。

（3）剪接腰式套装　剪接腰式套装是指上衣腰部有剪接线，有时还会有装饰腰带等，与裙子或裤子搭配穿用的套装。

根据套装品类款式分类方法，套装可被细分为许多细节各异的品类，并且依据细节特征的不同，可能会形成完全不同的分类结果。例如，夏奈尔式上衣套装若依据领部的设计便应归为无领型套装；但若依据其衣身最基本的款式结构分类，也可将其归为时装西服类；如果按门襟的形态来分类，夏奈尔式上衣套装也可以归入门襟滚边单排扣的套装类别中。

根据款式品类分类方法，套装又可以分为夹克套装、衬衫套装、背心套装等，如图1-2所示。

(a) 夹克套装　　　　　　　　　(b) 衬衫套装　　　　　　　　　(c) 背心套装

图1-2　套装款式品类

三、按套装廓型结构分类

1. 短上衣套装

短上衣套装是指上衣长度比较短，一般长度在腰围附近，多配以长裙或连衣裙穿用的套装。短上衣套装比较适合身材矮小的女性穿用，如斯普利套装，衣长较短，合身的西装领短西服套装。

2. 长上衣套装

长上衣套装是指上衣较长的款式，一般上衣衣长在臀围线以下，多配以短裙或裤子穿用。适合身材高挑的女性穿用，如束腰套装，即腰部呈细长形态的套装，衣长可覆盖至臀围以下，下摆平顺。

3. 宽松式套装

宽松式套装是指具有宽松罩衫风格的套装。为了达到休闲效果的时装套装或为了满足人体活动需求的运动套装等都会使用到这样的款式设计。包括披风、披肩式套装等。

4. 合体式套装

合体式套装是指贴合人体、精致修身，能较好地表现出女性柔美体型曲线的套装，常用于夏季套装和春秋套装的设计中。经常使用分割线和省道结构，以达到较好的贴体修身的效果。

四、按套装穿用目的分类

1. 日常套装

日常套装是指外出或日常生活包括家居穿着的套装，具有随意性和时尚流行性。除家居套装对款式和面料的舒适性有较高的要求外，通常日常套装由于个人需求差异较大，因此对款式和面料等无特殊要求。

2. 职业套装

职业套装是指属于职员或学生用于工作场合或校内穿着的套装。一般具有功能性，同时款式上为求统一性而不会有较多复杂烦琐的装饰，款式设计方面比较程式化，变化不多。

3. 礼仪套装

礼仪套装是指作为各种特殊礼仪场合或者社交宴会时穿用的服装，需要关注穿着的时间、地点和目的等，才不会失礼。这种套装一般注重流行，但以优雅庄重风格为前提。如鸡尾酒会套装、婚礼服套装等。

4. 休闲套装

休闲套装是指休闲娱乐时穿着的套装，大多用于户外穿着，多为轻便式的套装。所以讲究适应环境，例如对应气候选择面料，相应的场合或活动选择功能性不同的款式等。这类套装注重款式的流行性、时尚性、舒适性等，个人选择和审美差异较大。休闲套装的面料选择范围较礼服套装的要广泛得多。

5. 运动套装

运动套装是指运动锻炼时穿着的套装，又有休闲运动套装和职业运动套装之分。休闲运动套装在款式上具有一定的流行性和时尚性，面料要求有良好的穿着舒适性。职业运动套装，如篮球服、网球服、滑雪服、骑马装等，由于运动项目的单一性，要求此类运动服装的功能性有针对性，因此对面料的选择、款式的改良等具有较强的专业性和特殊要求；多用针织物或编织质地的面料制作而成，要求有一定的透气性、弹性和牢度等。

五、按套装穿用季节分类

1. 夏季套装

夏季套装是指在夏季穿着的各款套装。其特点为：造型柔和简练，用料轻薄柔软，省和褶是其主要造型手段，也有时用到断缝结构。

2. 春秋套装

春秋套装是指在春秋季节穿着的各款套装。其特点为：造型严谨，面料较厚重，省和断缝是其主要造型手段。

另外，女套装还可按使用面料来分类，如针织套装、梭织套装、皮革套装等。

第三节　套装的构成

本节中套装的构成的内容主要包括套装的结构特征与套装的松度配比两部分，现分述如下。

一、套装的结构特征

如上所述套装应指上衣与下装的成套组合。下装——裙子和裤子的设计原理和规律，分别在本套丛书《实用服装裁剪制板与成衣制作实例系列》分册《裙子与裙裤篇》和《裤子与裤装篇》中有详细讲述，本节不再重述，仅以套装上衣的纸样结构设计构成规律做重点阐述。下面将组成套装上衣的单元部件构成结构特征做详细分析。

1. 衣身的轮廓与构成

衣身的轮廓与构成，套装上衣肥瘦和宽窄的整体感觉，是由围度、宽度方向加放的松量来决定的。肩宽、肩倾斜度、肩端形状构成肩线，与领子共同代表时尚流行趋势，反映着套装设计要素。套装的衣长是否到达臀围线以下（可覆盖臀部），省道以及剪接线的位置，省量的改变，腰围的收拢变化，都能表现出各种各样的套装轮廓造型，如图1-3所示。

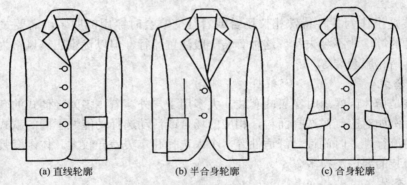

(a) 直线轮廓　　　　　　(b) 半合身轮廓　　　　　　(c) 合身轮廓

图1-3　衣身的轮廓

（1）衣身长度　衣身的结构是构成套装款式的主体，而最具流行影响力的因素之一即为衣长的设计。套装上衣衣长的变化范围非常宽广，最短可至胸围线，最长可至膝线附近。而具体的衣长选择，则主要依据流行趋势和与之搭配的下装的比例关系而定。

（2）衣摆围度　在纸样结构设计时，应该注意无论衣长如何，其衣摆处的围度应大于相应水平位置处的人体围度。例如，当衣长设计在臀围线上时，衣身纸样的衣摆处围度应大于人体净臀围围度。这样才能保证服装的可穿性。

（3）衣身廓型　合体廓型套装的设计风格中，严谨大于随意，这使得套装上衣多处于伏贴身体的状态。而这种"伏贴"又与女装的其他种类如衬衣、连衣裙有些差异。由于较少使用全部省量（全省量包括乳凸量、胸腰差量、撇胸量等），套装有意减弱对女性曲线的刻画，

使其外廓型柔美之中不乏坚硬，这种设计理念与审美习惯是与女套装的来源一脉相承的。套装上衣中凡有收腰结构，统称为合体，具体用省量程度依据设计者希望达到的"合体"程度而定。宽松廓型与合体廓型相反，是指没有腰身收省设计、宽大外形或外展的造型，如宽松夹克衫等。

2. 衣袖构成

（1）合体袖　合体型的袖子（图1-4）是与合体廓型的衣身相配合的，其共性特征是：袖型符合人体手臂的自然形态，袖子在肩端保持圆润的曲线，袖肥适中，袖中线与衣身中线成45°夹角。这一角度的设计，被认为是套装所需，能够保持袖山与肩部造型良好，又有较好活动机能的袖子。该角度越大，袖子的活动机能越好；但当手臂放下时，会使肩部与腋下产生多余的褶皱，例如袖子与衣身成90°角的传统中式旗袍的袖子。该角度越小，肩部造型虽好，但袖子在上臂处的松度也小，袖子越瘦，受腋下的牵制越大，袖子的活动机能越差。合体袖的袖口宽度一般是11～14cm，为了顺应人体手臂前弯的形态，常采用有肘省或袖口省一片袖或合体的两片袖设计。合体套装所采用的基本袖型结构为合体一片袖与合体两片袖。合体一片袖的造型简练，肘省设计在肘线附近。合体两片袖可以看成是由一片袖的肘省移至袖口后做断缝处理而得到的，袖身上的前后断缝将袖分为大袖和小袖两个裁片。这两种结构，都在塑造肩峰凸起的同时，为肘凸做了省的处理，但因其表现形式不同，前者为省，后者为断缝，而带来它们外观上的差异。一般习惯于在组合套装中使用一片袖结构，而造型严谨的同质面料制作的套装则更多是采用两片袖结构。这两种衣袖由于缝装于衣身袖窿，又统称为合体装袖。除此之外，当改变衣身的袖窿形状时，还可以有其他合体套装袖子的变化设计，如上肩袖、落肩袖、插肩袖、肩章袖、覆肩袖、连袖等。

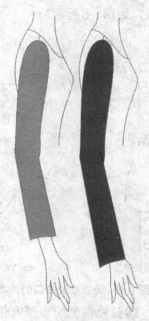

图1-4　合体袖

（2）宽松袖　宽松袖是与宽松廓型的衣身相配合的。其宽松度体现在两个方面：一是肩峰凸起的程度减弱，袖与衣身的夹角增大，这是通过降低袖山高度，使袖山曲线弧度变小来完成的；二是忽视肘凸，衣袖呈直筒状，肘部无弯曲凸起的造型。袖子的宽松程度与衣身的松度成正比。在纸样结构上则体现为袖山高的取值与衣身围度松量成反比，即衣身越宽松，袖窿也越大，袖山高则需要适当减小，从而设计出既宽松、活动机能又好的袖子。袖体宽松程度的加大往往还可以通过切展纸样而在袖身加放褶量来实现，如喇叭袖、灯笼袖、蝙蝠袖等，如图1-5所示。宽松袖与衣身纸样设计中的松度配比关系详见本节纸样结构设计的内容。

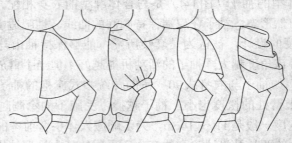

图1-5　宽松袖

3. 衣领构成

衣领作为服装设计的重点部位，可以说在套装中应用得最为广泛。无领、平领、立领、企领、翻驳领等各种领型，领口开度、领宽及领型设计等，几乎不受任何限制，关键是与衣身整体的装饰性及实用性相协调。以下仅以无领、翻驳领为例加以说明。

（1）无领套装领口的种类　领口是指衣服颈围的轮廓线，通过其形状来强调脸形及其大小，颈长及其粗细，肩倾斜等特征，并且使其柔和。通常领口线的开领看似颈部变短，而V形领的纵向领口加深的开领，比圆领口或方领口使颈部看上去显得又细又长。以下列举在无领套装上能够见到的主要领口形状，如图1-6所示。

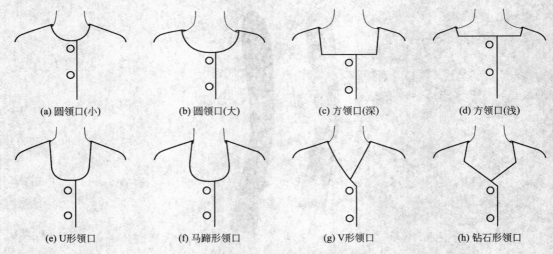

(a) 圆领口(小)　　(b) 圆领口(大)　　(c) 方领口(深)　　(d) 方领口(浅)

(e) U形领口　　(f) 马蹄形领口　　(g) V形领口　　(h) 钻石形领口

图1-6　无领套装领口的种类

（2）翻驳领套装领口的种类　翻驳领常见的领型有平驳领、长方领、青果领、戗驳领等，可以根据不同参考因素进行分类。根据翻驳线的形状分为直形翻驳领和弧形翻驳领；根据有无领嘴分为青果领、方形领及西装领；根据驳头的宽度可以分为窄驳领和宽驳领；根据领嘴位置可以分为高驳领、中驳领和低驳领；根据驳领廓型可以分为平驳领、戗驳领、倒戗驳领、连驳领、立驳领、登驳领等，如图1-7所示。

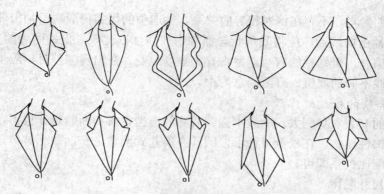

图1-7 翻驳领套装领口的种类

二、套装的松度配比

套装的纸样设计在精度上要求较高，有许多细节设计是其他各类服装所没有的，下面逐类予以讨论。

1. 合体套装的松度配比

（1）夏季合体套装　夏季合体套装一般在夏季较正式的场合穿着，要求舒适合体。纸样结构设计时，前后衣身的领口要作适量开宽，通常开宽0.5～1cm，开宽量前后相等。后侧颈点开宽后上提0.5cm左右，作为领部贴边与装领缝份的面料厚度容量，取值大小与面料厚度成正比。基本纸样的肩端，对于无须加装垫肩的合体套装而言，略显宽松。将松量自前后肩点分别降低0.7cm和0.5cm。衣身肩点的修正，使衣身袖窿弧长减小，该变化通过提高袖子落山线1cm来修正。袖山高度变小后，使得袖山曲线更为平伏，绱袖容易，并且能达到用薄软面料缝制柔和丰满袖型的要求。

（2）春秋合体套装　春秋合体套装的穿着季节决定了套装面料为中厚织物，而且内部需要套穿衬衣、毛衫等服装，这在纸样上则体现为松量的相应追加。

① 后衣身　侧颈点开宽0.5cm，提高0.5cm，提供衣领处内部衣物，如衬衫、毛衫的厚度容量及自身面料缝份的厚度容量；后肩点上抬1cm左右，可以放置一薄型垫肩，肩点上抬量与垫肩厚度成正比。腋下点水平增量1～2cm、开深袖窿1～2cm，满足内部衣物的容量。腋下松量的设计，应前后片同时考虑，即腋下水平增量的总和与内衬衣物的多少及自身面料的厚度成正比。前后片的尺寸分配仍以后大前小为原则，与宽松廓型尺寸配比相似，袖窿的开深尺寸约为水平增量总和的一半。

② 前衣身　腋下水平追加1cm、开深袖窿1.5cm；肩点上抬0.5cm；侧颈点开宽0.5cm；前中平行加放0.5cm松量，满足前开门结构的贴边厚度容量。前颈点的位移依款式而定。重新绘制前后领口曲线、前后肩线、前后袖窿曲线及前中线。

③ 袖子　在衣身肩点与腋下点同时位移后，袖窿呈大于原袖窿曲线的马蹄形，但仍保持两曲线的相似。以此类推，袖山曲线修正后亦应为大于原轨迹的相似形。首先，重新确定袖山顶点与落山线，将袖山顶点上抬，抬高量约为衣身前后肩点抬高量总和的一半；落山线下降，降低量约为衣身袖窿开深量的一半。然后，自新袖山顶点向前后落山线分别量取前袖窿弧长（前AH），加0.5～1cm；量取后袖窿弧长（后AH），加1～1.5cm，得到前后袖肥。将前袖山斜线（前AH+0.5～1cm）作四等分，以各等分点为参考点作新袖山曲线的凸起和凹进。最后用圆顺、丰满的曲线完成新袖山曲线。上述修正袖山高的两项公式，仅为设计者

提供尺寸配比的参考，不存在绝对相等的关系，袖造型的优劣仍取决于袖山曲线的形状。所以，在完成新袖山曲线后，应将其形状与原袖山曲线加以比较，保持两者的"相似"关系，不得出现太大偏差，否则袖的肩端造型将有大幅度改变。在出现偏差时，应不断调整袖山顶点抬高或落山线下降的取值，直至满意为止。

2. 宽松套装的松度配比

宽松廓型的套装衣身肥大，一般不强调肩峰的造型，省和断缝设计也不以收腰作曲线为目的，多为装饰性结构。在松量设计上，因其亦属款式因素之一，故无具体限定，只是各部位保持恰当的配比关系即可。

（1）衣身尺寸配比

① 衣身　前后衣身腋下同时追加所需松量，并且保持"后大于前"的关系。例如，当成衣设计松度为净胸围加21cm时，减去基本纸样本身所含10cm（胸围/2+5cm）松量，应追加11cm；就1/2的裁片而言，应在纸样前后腋下共追加5.5cm；该总量作前后分配时，可为后3cm、前2.5cm或后3.5cm、前2cm均可。

② 袖窿　袖窿开深量约为前后腋下水平增量总和的一半。例如，当腋下水平增量总和为5.5cm时，袖窿开深即以2.75cm（5.5/2）为基数，设计为2.5cm或3cm。

③ 肩线　前后肩点同时抬高、延长。其中抬高量为改变肩斜、放出肩峰高度松量的设计，保持"后大于前"的比例；肩线延长量直接反映为衣身宽于肩峰的尺寸——"落肩量"，它与腋下松量水平追加尺寸成正比。在前后肩线长度相符后，重新绘制新前后肩线、前后袖窿曲线。宽松廓型纸样袖窿曲线的曲度与松度设计成反比，松量越大，曲度越小；松量越小，曲度越大。即随着衣服宽松度的追加，廓型不断变化，渐渐脱离与原曲线模式"相似"关系，成为一种"少曲线、多直线"的结构。

④ 搭门　前中线因所用面料厚度不同，前中线向外平行追加0～1cm的贴边厚度容量，然后向外加出搭门量，搭门量一般等于扣子直径+0.5cm。

（2）袖子尺寸配比

① 袖山高　袖山顶点下落，下落量约为肩线延长量的一半。例如，肩线延长2cm，袖山顶点下落1cm。落山线向上移，上移量约为袖窿开深尺寸的一半。例如，袖窿开深3cm，落山线上移1.5cm。以前后新袖窿曲线长（AH）确定前后袖肥，重绘袖山曲线。袖造型的关键因素是袖山曲线的形状，在纸样上直观体现为袖山高的取值。上述两个设定袖山高尺寸的参考公式，适用于绝大多数宽松廓型的袖山设计，但也不具有绝对性。为能准确把握袖造型，设计者仍应将重点放在审视"袖山形状"上，而非"袖山绝对取值"上。

② 袖山设计检验　将已经完成的袖子纸样沿袖中线对折，把袖子袖山顶点与衣身肩点相对合，袖山曲线上半部分最大限度地与衣身袖窿曲线重合放置。观察此时肩线与袖中线所形成的角度，是否与成衣的肩部设计相符。若该夹角大于设计预想（肩峰过平），则应增大袖山高；若该夹角小于设计预想（肩峰过凸），则应减小袖山高。总之，袖山高的取值最终取决于袖山形状和相应夹角，而非简单的数学公式。掌握了这一规律，便能科学、灵活地设计各种袖型及纸样。该规律同样适用于连身袖设计。

三、套装的搭门形式

1. 套装上衣搭门

套装上衣的搭门一般分为单搭门和双搭门两大类，如图1-8所示。

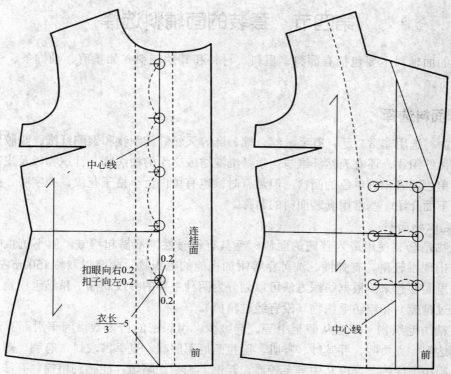

图1-8　搭门种类

中心线

连挂面

扣眼向右0.2
扣子向左0.2

0.2

0.2

$\dfrac{衣长}{3}$ —5

前

中心线

前

2. 挂面种类

挂面一般有两大类：一种是连裁式；另一种是分体式，如图1-9所示。

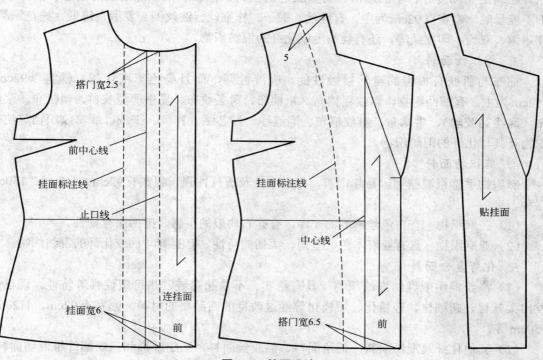

搭门宽2.5

前中心线

挂面标注线

止口线

连挂面

前

挂面宽6

5

挂面标注线

中心线

搭门宽6.5

前

贴挂面

图1-9　挂面设计

第四节　套装的面辅料选择

套装的面辅料主要包括有面料、里料、衬料和其他辅料（如垫肩、袖棉条、牵条等），现分述如下。

一、面料选择

套装面料选用非常广泛，有毛、丝、棉、麻等天然纤维织物和聚酯纤维、黏胶丝、醋酯纤维等的化纤织物，还有天然纤维与化学纤维混纺或交织的梭织物、针织物以及皮革等。套装多使用单色或者相近单色的面料，但是有时候也有黑白色小格子花纹、人字呢、条纹等花色面料。下面介绍一些常用套装面料的名称。

1. 毛织物面料

毛织物是套装使用最为普遍的面料。毛具有保暖性，不易起褶皱，但不抗虫咬、怕药剂。现在出现了轻量、有弹性、洗可穿等附加机能的毛织物。幅宽以双幅150cm左右为主，正面折向里面卷起来。根据纺织方法可以划分为两种主要的纱线制品：精纺毛织物（纤维在纺织前经过精梳）和粗纺毛织物（没有经过精梳）。

（1）精纺毛织物　厚度从薄至中等，起绒少。组织密的占多数，因平滑而有活络的感觉。有华达呢、直贡呢、乔其纱、哔叽、巴拉西厄军服呢、夏季薄衣料、府绸、薄毛呢等。

（2）粗纺毛织物　厚度从中等至较厚，起毛。因组织略疏，能感到粗糙。有法兰绒、高级毛料、开司米、克瑟手织粗呢军服料、苏格兰呢、哈利斯粗呢等各种粗花呢。

2. 丝绸面料

丝绸是光泽度好、手感顺滑、有高雅感的面料，但在水中不能浸泡时间过长，在阳光下不能暴晒。幅宽以92cm为主。有绫丝、缎子、柞蚕丝、波纹绸、罗缎、锦缎、提花织品、菲尔绸、双绉、印度绸等，还有丝与毛或化纤的混纺织物。

3. 棉织物面料

棉布与肌肤有很强的自然接触性能。吸湿性强，而且染色牢度优越。幅宽以92cm、112cm为主。有凹凸织物、斜纹粗棉布、粗棉布、薄条纹布、夏季薄型衣料、粗帆布、鲨皮布（高级黏胶丝）、牛津布、斜纹棉布、泡泡纱、灯芯绒、柞绸、平绒、蜂窝纹织物等纯棉织物及其与化纤的混纺织物。

4. 麻织物面料

麻织物手感粗糙结实，易起褶皱，但吸水性及透气性强。幅宽有92cm、112cm、150cm三种。

（1）苎麻织物　有白色丝绸般的光泽，有碎石块般的手感，挺括而有韧性。

（2）亚麻织物　具有亚麻本色、坚固、柔韧的特性。有亚麻与棉或化纤的混纺织物。

5. 化纤复合面料

（1）涤纶混纺或纯纺涤纶织物　具有结实、不易起褶皱、热可塑性强等特性。现已开发出柔软化、超细化、轻量化、规模化等经过改良的高品质的材料。幅宽有92cm、112cm、150cm等。

（2）其他化纤及混纺面料　锦纶面料、黏胶丝面料、醋酯纤维和三醋酯纤维混纺面料、化纤和天然纤维的混纺织物和交织物、醋酯纤维系纤维面料等都可以作为套装的面料。

二、里料选择

1. 里子的作用

（1）光滑易穿，衣服穿在身上时不会感觉到因动作而受到约束。

（2）袖子畅通，易穿脱。

（3）掩盖里侧的衬、缝份等，显得做工漂亮。

（4）有助于轮廓造型，完成后坚固结实。

（5）良好地接触肌肤。

（6）防止透漏。

（7）起到保温效果。

2. 里子的种类

（1）组成　纺绸、涤纶、锦纶、黏胶丝、醋酯纤维、绸缎、化纤织物以及棉混纺织物等。

（2）组织　平纹、斜纹、针织。

（3）幅宽　以92cm为主，也有112cm和122cm的。

3. 里料的选择

（1）里料的厚度选择　选择与面料厚度、手感、设计、季节相吻合的材料。

（2）里料的织纹选择　选择光滑度高、能很好地顺应面料的里子，与面料重叠后轻轻地揉搓，手上没有不协调的感觉。

（3）里料的颜色选择　套装一般使用与面料同色系无花纹、斜纹组织的里子。

三、衬料选择

1. 衬的作用

衬可以弥补面料的欠缺性，使服装轮廓按构想制作成型，起到将各种机能综合到一起的作用，可以说是服装制作中最重要的辅料。面料手感好，并且具有高级感、漂亮轮廓的西服多采用毛衬作为衬料，毛衬非常适合于传统的不使用粘合衬的西服（手工制作），但这需要具有优秀技能的人员才能制作。本书对粘合衬的特征做了充分的讲解，并且说明了有效利用的方法。

（1）成型　做出具有挺度的轮廓。

（2）保型　使其形态稳定，防止走形。

（3）可以缝制　使面料稳定，防止伸长、下垂、绽开等变形，并且易缝。

2. 粘合衬的种类

（1）粘合衬　粘合衬是指带有热熔粘接树脂的衬布，根据基布及粘接树脂的种类来划分。

基布的组成有棉、黏胶纤维、聚酯纤维。组织有梭织布（平纹、缎纹）、针织布（经编织物、罗塞尔斜纹细呢）、非织造布和复合布。幅宽以92cm为主，也有112cm和122cm的。

粘接树脂的种类有聚酰胺类树脂、聚酯类树脂。形状有颗粒状、粉末状、网状等。

（2）胸部加强衬　为了更明显地表现出胸部的立体感，在前身使用胸衬。除了用粘合衬粘接的方法外，还可以使用市场上出售的现成的毛衬或麻衬。

3. 粘接的部位

对照制作西服的目标轮廓和面料，决定粘接部位和不同衬里的使用。前身用的粘合衬应选择保型性好、厚度适当、挺括而又不破坏手感的粘合衬。零部件则选择用比它薄的衬。另外，在进行柔和感处理时，可仅用中等厚度的复合样式的粘合衬。

4. 粘合衬的选定

使衬的组成和基布组织与面料相对应，要选择能够表现轮廓的挺括性和分量感的品号。

进行粘接实验，看是否具有符合要求的粘接力和挺括性，并且用手掌轻握确认。衬的颜色一般为白色，但也有黑色、本色及其他开发中的颜色品号。

5. 粘接的方法

粘接专用压衬机分为滚轮型和平板型。按照这些机械的粘接条件操作，可以获得牢固、稳定的粘接效果。

使用手工熨斗时，因每一次的粘接面狭窄，所以要不断地更换位置粘接。还应注意，由于温度和手法轻重不一等原因，容易出现粘接斑驳疵病。

6. 粘接瑕疵

除了因收缩、粘接力不足而出现的剥离、起泡等不良的粘接外，还有污点、云纹、翘曲等。需要重新审视一下衬的特征和粘接方法的选择，确保与面料对应性良好。

四、其他辅料选择

1. 粘接牵条

把粘合衬制作成条状（宽度1～1.5cm），按西服制作目的分别使用。为了抑制布料伸长，可以用直丝牵条使形态稳定（6°斜丝牵条、半斜丝牵条）。为了保持曲线形状，在滚条上重叠缝上0.4cm宽的笔直布条的牵条。

2. 垫肩

整理肩型用的垫料，也称肩台或肩棉。肩部的线条是决定西服造型的重要因素，虽然从外表看不到，但是对设计的效果来说垫肩起着重大作用。垫肩的种类从形态上分类如下。

（1）平头形　绱袖子用的一般性垫肩，可以形成棱角分明的肩。

（2）圆头形　使肩端角度浑圆的垫肩，可以形成自然的圆形肩。

（3）龟背形　用于插肩袖，是使肩端显得挺括的圆弧覆盖物，可以形成平稳的分量感。

市场上出售的垫肩，或用毛毡状的非织造布层层粘接，或用纳针法成型，既轻又有良好的保型性。肩端厚度有0.5cm、0.8cm、1.0cm、1.5cm、2.0cm、2.5cm等几种。手工制作时用多层被单布或衬布包裹，与肩的弧度吻合后，八字形疏缝成型。

3. 袖棉条

为了很好地保持绱袖的袖山头形状，在里面支撑袖子吃缝量的零部件称为袖棉条。面料有适度的弹性，如果是中等厚度的面料，可以把同一面料的斜布条作为袖山条使用。市场上出售的袖棉条由麻衬和聚酯棉以及毛衬组合而成，丰实而具有弹性。形状有长方形、飞镖形、立体形等类型。

第五节　套装成品规格设计

所谓规格设计，即在认识人体结构及人体活动与服装的关系基础上，对服装款式、造型、细节等进行定量化的表现。以女套装西服衣身规格设计为例叙述如下。

一、衣长规格设计

女套装按长度分类可分为短、中、长三类，如图1-10所示。测量时以经过侧颈点（SNP）经BP点顺纵向人体至所需长度定位衣长。

外套一般要求达到一定长度以达到遮盖内层服装的效果，但现在许多时装外套、休闲外套的长度短于内层服装的设计区域，因此短外套也划归为女式上装的一般衣长设计。

（1）短套装　衣长短于臀围线的上衣。$L \approx 0.35 \times$ 身高（h）$-X$（设计变量）。

（2）中长套装　衣长过臀围线，不超过1/2身高的上衣。一般女式西服上装衣长在臀围线以下 8～16cm，均属于中长套装。

（3）长套装　衣长超过1/2身高的上衣。$L=0.5 \times$ 身高（h）$+X$（设计变量）。

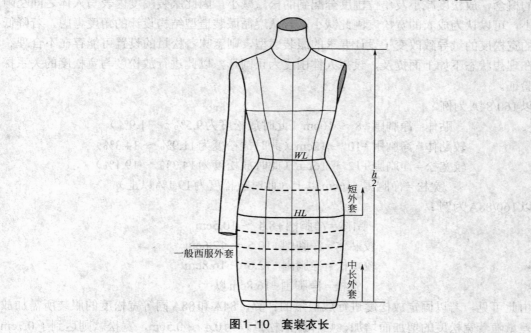

图1-10　套装衣长

二、胸围规格设计

女套装胸围的必要放松量经探究确定约为8cm，但根据所用面料、衣身造型及款式的不同对胸围放松量的要求也有所不同。因此，修正原型胸围规格设定理论公式为：

$$B（修正原型胸围）=B^*（净胸围）+ 8cm + 调整量$$

对160/84A的女性人体有：

$$春夏薄款合体套装 B=B^*（净胸围）+8cm+0～2cm$$
$$春秋较宽松西服套装 B=B^*（净胸围）+8cm+4～8cm$$
$$秋冬宽松套装 B=B^*（净胸围）+8cm+10～16cm$$

以上所列是在考虑了内层衣物厚度及所需空隙量的前提下提出的较为适宜的胸围放松量。但从理论上来讲这仅适用于160/84A号型的服装结构设计。

在胸围的加放量中确定且适用于大部分女性人体的8cm松量用于满足生理所需及人体活动的量，由于随着人体围度数据的改变分配到单位点上的松量也会随之改变，因此调整量的设定应随号型的变化做出一定的改变。举例来说，84cm胸围的女装在调整量取4～8cm及胸围放松量为12～16cm时，成衣的造型风格一般属于较宽松型，但将此放松量同样应用于制作胸围92cm的女体上装，则成衣胸围为104～108cm，由于净体的围度增加，同样的调整量起到的单位放松效果变小，因此可能不能达到与小胸围（84cm胸围）成衣一样的宽松度。

从数据上看，引入放松度对上述内容进行量化分析具有较强的相对性。例如，选取加放量12cm进行胸围84cm和90cm号型的成衣制作，利用放松度公式：

放松度＝［B（H/W/L等部位）的放松量/B（H/W/L等部位）净体］×100%

计算得到84cm胸围成衣的放松度约为14.3%，90cm胸围成衣的放松度约为13.3%。可以看出，同样加放量，放松度却有所减小，对于服装造型来说，宽松或贴体同样是个相对性较强的概念，放松度减小及单位围度分配到的松量减小，因此服装围度内表与人体之间空隙量减小，可以认为成衣的宽松度因此减小。若从遵循服装造型结构设计的角度考虑，若降低服装的宽松度的量导致改变了设计要求的服装廓型，则意味着松量的设置可能存在不合理。

在理想状态下如上面提及，设想人体围度为正圆形，以此进行放松度与宽松度的关系探究及验证。

以160/84A为例：

贴体＝净胸围+8～10cm（此时放松度为9.5%～11.9%）

较贴体＝净胸围+10～12cm（此时放松度为11.9%～14.3%）

较宽松＝净胸围+12～16cm（此时放松度为14.3%～19.1%）

宽松＝净胸围+16cm以上（此时放松度为19.1%以上）

以160/88A为例：

贴体＝净胸围+8.4～10.5cm

较贴体＝净胸围+10.5～12.6cm

较宽松＝净胸围+12.6～16.8cm

宽松＝净胸围+16.8cm以上

由此可见，若以固定放松度进行放松量的计算，84A和88A同等宽松度的服装所需加放量的差量随着宽松度的增加而增加，贴体款的松量差为0.4～0.5cm，宽松款则达到了0.7cm以上。

已知放松量=2π×空隙量，以此计算0.7cm的放松量对空隙量的影响，可得空隙量=放松量/2π≈0.1cm。将这个0.1cm称为空隙缺量。

一般背心的厚度约为0.1cm，衬衫的厚度约为0.1cm，毛衫的厚度约为0.3cm；背心与衬衫之间的空隙量为0.2cm，衬衫与毛衫之间的空隙量为0.2cm，毛衫与贴体套装的空隙量为0.3cm。

所以，0.1cm的空隙缺量仅相当于一件背心的厚度，对于服装的着装造型并不会产生什么影响。可认为84A的体型和88A的体型，规格设计上可以采用相同的放松规律。但在胸围相差较多的情况下，空隙缺量达到一定数值时，则需要修正放松量的设置，以更好地达到设计要求的服装造型。

三、领围规格设计

领围（N）=净胸围×0.25+（15～20cm）

对于适用于女套装上衣的原型领宽设计，考虑到穿着的舒适性以及套装领型设计等因素，在新文化式原型的领宽基础上，总开宽2cm，前后半身各开宽1cm。

四、肩宽规格设计

一般女装总肩宽造型规律为：

窄肩＝净胸围×0.3+11cm

正常肩＝净胸围×0.3+12cm

宽肩＝净胸围×0.3+13cm或13cm以上

因为女套装上衣的特殊款式要求及工艺造型需求，适用于女套装的修正原型，其肩宽应比人体净肩宽适当加宽。

五、腰围规格设计

套装腰围规格是由设计的胸腰差量来决定的。

套装上衣的廓型分类主要包括宽松型、半合体型、合体型及紧身型四类。分类主要依据服装的胸腰差数值。除去披风式和斗篷式之类下摆宽松且无腰部设计的套装外，在通常情况下将成衣的胸腰差数值归纳为四类。

（1）$B-W \leqslant 0 \sim 6cm$　宽松型。

（2）$B-W = 7 \sim 12cm$　半合体型。

（3）$B-W = 13 \sim 18cm$　合体型。

（4）$B-W = 19 \sim 24cm$　紧身型。

考虑到人体尺寸的覆盖性以及成衣款式的通常局限性，胸腰差大于24cm在此不予探讨。就省道结构的合理设计来说，对于第（1）种宽松类型的服装可采用侧缝（实质即为分割线）来实现结构的设计；对于第（2）种及第（3）种类型的服装可以在运用侧缝的前提下加入前后衣片省道的应用；对于第（4）种类型或有需要更加收腰的款式来说，在侧缝和一般省道的应用中增加各方位分割线以更好地达到体现胸腰差的服装效果。

第二章　套装裁剪原理及变化

前面一章讲解了套装的基本概念，本章重点分析套装裁剪的基本原理及变化规律。

第一节　撇胸与松量

一、撇胸

省是女装的灵魂，省的准确应用与否将决定女装成衣的成败。

在进行一个完整的成衣设计之前，首先要考虑的是成衣的合身程度，即全省的使用量，从而进行松量的设计。当施省越接近全省，越要作全省的分解转移，形成2～3个省位，达到一个和缓的曲面，符合人体乳房的真实隆起。

撇胸便是为胸部合体设计从全省中分解的部分，是为胸骨至前颈窝的差量所设定的尺寸。因此，撇胸的结构只是在胸部合体的平整造型中的一种选择。撇胸一般是在以下两种情况下进行：一是胸围太高，前衣片不够长时；二是里面穿的衣服过厚时。撇胸量一般为0.5～1.5cm。撇胸的设定依据如图2-1所示。

撇胸有两种纸样处理方法：一是固定*BP*，将基本纸样向后倒，使前颈点后移0.5～1.5cm，修正胸乳点以上的前中线；二是固定*A*点进行操作。撇胸的纸样处理方法如图2-2所示。

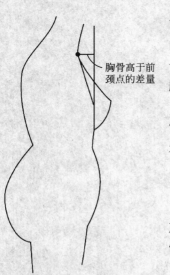

胸骨高于前颈点的差量

图2-1　撇胸的设定依据

二、松量

服装结构设计及衣身造型是否符合人体的关键因素之一就是放松量的设计，放松量是决定服装是否符合造型要求及人体舒适性的关键。

服装放松量按作用可以分为基本放松量和款式结构放松量。基本放松量包括生理放松量和运动放松量。生理加放量是人体的

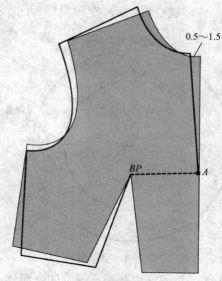

图2-2　撇胸的纸样处理方法

呼吸等生理活动对服装所需的宽裕量。在基本服装的设计中必须考虑到人体穿着及运动舒适性所需的放松量。款式结构放松量是根据服装的品类、造型要求等作出的调整型放松量，其作用一方面在于保证人体穿用的舒适性，另一方面作为装饰加放量处理，根据款式造型的各种风格所需来调整服装宽裕量。

服装放松量的设置主要目的是为保证人体活动的功能性和舒适性。

（一）放松量、空隙量及放松度

放松量是一个整体差量的反映，是指成衣与人体相关部位两个围度之间，或长度之间，或宽度之间的差值。在女套装的结构设计中，放松量的定义与其他品类服装大致相同。其作用主要是以下两个方面。

（1）满足人体穿着服装后从事各种活动时具有功能性和舒适性。

（2）满足人体在静态穿着服装后正常进行所需的生理活动。

套装区别于其他品类服装的松量部分主要源于套装外穿于内层服装所需，为了达到外观伏贴同时穿着者舒适便于活动，套装的加放量还需包括与内层服装的适当间距。服装放松量的合理与否还取决于套装与内层服装间空隙量是否得当。

由于人体体型的差异性较大，因此产生所需加放量数据相差较大的情况，最典型的便是不同号型的服装放松量的不同。为了方便探究女套装结构的通用规律，因此对加放量另外定义一个相对值的数据，称为放松度。

（二）放松量、空隙量及放松度的关系

服装放松量表示的是成衣与人体相关部位的整体数据的差值。要得出套装结构的基本规律，了解空隙量和放松度与放松量之间的关系是必要的。

（1）空隙量　空隙量从数据上反映的是人体净体或内层服装与外层服装内表面间形成的空间的直线距离，如图2-3所示。

以往很多研究中都把人体与服装作为圆柱体来讨论，在这种理想化的假设下，放松量和空隙量有以下关系式：

$$放松量=2\pi \times 空隙量$$

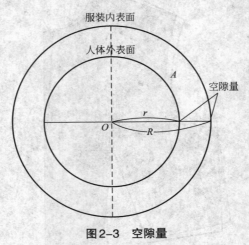

图2-3 空隙量

实质上，由于人体无论从哪个切面观察都是不规则的曲面体，同一平面围度一周的曲率和凹凸都是不同的，因此空隙量是一个分布不均匀的变量，如图2-4所示。

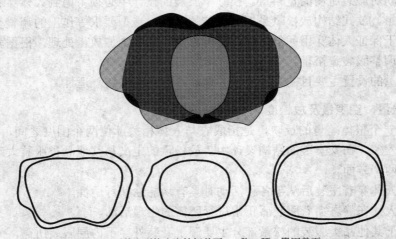

利用平面截取到的人台特征截面——胸、腰、臀围截面

图2-4 人体截面空隙量

（2）放松度　放松度是为更方便数据化统计的加放量相对值。放松量是绝对加放量，而放松度是指人体在某一个放松度下的放松百分比，其与放松量之间的数学关系式为：

$$放松度=（放松量/净体尺寸）\times 100\%$$

影响放松量的因素主要是人体生理所需及局部运动规律。其中人体局部的运动规律是确定服装放松量和空隙量的重要依据。

女装结构设计的一般规律中，以人体胸、腰、臀的三围确定的放松量基本上便能确定服装的造型和舒适度。因此下面主要针对女性的胸、腰、臀部分探究适宜于女套装上衣的放松量设计规律。

（三）套装西服放松量设计

在服装设计中，由于所采用的面料各异，服装的风格各异，这些都是影响服装放松量的不确定因素，所以在下面的研究中，剔除了这两个方面因素的影响，以成年女性为研究对象，针对没有弹性的梭织面料，采用人体实测的方法，定量研究各主要因素对服装各部位放松量的影响。主要探究人体静态生理活动及运动对服装各部位所需加放量的影响及具体数据。

分别测量静态时呼吸导致围度变化并测量被测者在含胸、扩胸、上肢前举、上肢外举、上肢上举、上体前屈90°、上体后仰、坐姿和下蹲等运动状态下的各部位尺寸变化。人体运动导致围度尺寸变化数据如图2-5所示。

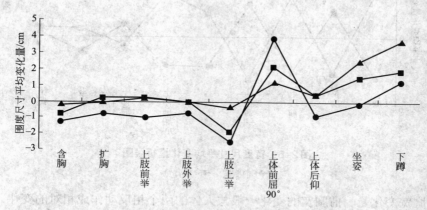

图2-5　围度尺寸平均变化量折线图
——●——胸围；——■——腰围；——▲——臀围

在测量过程中不难发现，虽然各人的变化数据有所不同，但各部位在运动中的变化趋势是大致相同的。

（1）胸围变化量　从图2-5可以看出，当人体在双手抱胸、扩胸、外举及上体后仰等时，胸围尺寸呈现出缩小趋势；上体向前倾斜时，胸围尺寸呈现出明显的增加趋势；上体前屈90°时，胸围增加量最大，平均增加3.8cm；当人体下蹲时，胸围尺寸也有所增大。由此得出胸围相对应的运动舒适所需加放量最小值在3.8cm左右，为便于计算取整4cm。呼吸对胸围尺寸有较大的影响，当做深呼吸时胸围尺寸的最大变化量为4.8cm，为便于计算同样取整5cm。

胸围的放松量包括生理舒适量和运动舒适量，因此，胸围的加放量从符合人体角度讨论应不小于8cm。

（2）腰围变化量　从图2-5可以看出，当人体前屈、坐下和下蹲时，腰围尺寸有较明显的增大趋势，其中前屈90°时增大最明显，平均增大了2.1cm。人体在做上肢上举时，腰围尺寸呈现缩小趋势。因此，腰围的最小运动舒适量在2cm左右。基于人体工效学的女套装结构设计研究，在腰围加放量的设计上应人性化地考虑特殊情况下的腰腹围变化，除了深呼吸时腰围增加量在2cm左右外，经实际测量进餐后腰围尺寸会有3cm左右的变化。因此，腰围的生理舒适量和运动舒适量的总需求量在6cm左右。

（3）臀围变化量　臀围的变化幅度对比胸围和腰围的变化幅度相对平缓一些。但在坐姿和下蹲时会有较明显的尺寸变化，在臀围尺寸变化中下蹲时的尺寸变化平均变化量最大，数据显示平均增大4cm左右。考虑到其他动作设计的臀围变化并不明显，而且有与臀部相关的人体构造，包括骨骼、肌肉等在生理上没有腰部脊椎或胸部肋骨那样较大的机能活动性，并且臀大肌在一般情况的放松状态下臀围测量到静态最大尺寸，臀大肌收缩只会导致臀围尺寸减小，因此臀围不需要考虑生理舒适量，其加放量直接取运动舒适量即可，即4cm。

另外，鉴于女性人体的特征曲线，为了对围度所需的加放量做出合理的分配，实验测量围度尺寸变化的同时，分别测量人体前胸宽和后背宽的尺寸变化，如图2-6所示。

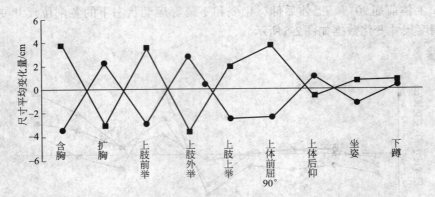

图2-6　宽度尺寸平均变化量折线图
● 前胸宽；■ 后背宽

（4）前胸宽变化量　前胸宽的变化一般与人体的两个相反动作成相对的变化。例如，在做扩胸运动时，前胸宽因肋骨的扩展及胸大肌的扩张而增大；相反当做含胸运动时，则因骨骼和肌肉的收缩而减小。同样，在人体前屈和后仰时，上肢前举和后举时，前胸宽分别减小和增大。从实验数据上看，当人体做上肢外举动作时，前胸宽的增加量最大，平均数据约为2.9cm，因此前胸宽的最小运动舒适量取整为3cm。

（5）后背宽变化量　从折线图不难看出，后背宽的变化基本与前胸宽成反方向的等比变化。其中双手抱胸运动时变化量最大，平均增大3.9cm左右，因此后背宽的最小运动舒适量为3.9cm，取整松量设定为4cm。

综上数据分析得出，女套装上装围度所需的必要及最小加放量为胸围8cm，腰围6cm，臀围4cm。其中在胸围松量的分配上，前胸宽加放量与后背宽放松量的比例约为3：4。

在此数据的基础上对适用于女套装的原型通用基础松量进行确定。

对于胸围的松量，8cm的生理需求量和运动舒适量是在穿着内衣的情况下测得，因此对于使用轻薄面料的紧身外套而言已足够。但大多数女套装尤其是西服套装，因其使用面料存在一定厚度，并且一般要求款式造型较贴体或较宽松，因此需要另加8cm以外的调节量。日本第八代文化式原型的胸围加放量为12cm，可以认为在套装的结构设计上是便于调节且较合适的，因此，在原型放松量的设计上在满足8cm胸围最小松量的前提下，根据具体对服装宽松度的要求进行调整加放量的设定，以此得出适宜于女套装结构设计的胸围放松量规格。

套装的制作中成衣的胸腰差要小于人体的胸腰差，一般女式西服上装的胸腰差在12～18cm之间，其中又以16cm较为常见，因此若制作较合体套装西服原型则可确定原型胸腰差为16cm，即腰省量为16cm，这样便于款式的设计和变化。

臀围松量若只取4cm制作女套装原型显然是不合适的，人体穿着服装时在臀围部分累积的除了内层服装的厚度外，一般还包括下装外裤或外裙的厚度，这会导致人体在活动时臀部所需的放松量加大。因此，一般成衣臀围最小松量设计为8cm。综上所述，在进行套装西服衣身的制作过程中，松量的设计应该在满足人体最小量的基础上根据所需款式造型要求做出规格上的设定。

第二节 女装衣身原型的定位

衣身原型的摆放位置——定位对最终的结构图有决定性的影响。观察文化式女装衣身原型我们可以看出，前片腰围线并非直线，在前中心处有一个下落量，大小等于前领宽的1/2，这是乳凸补充量。乳凸补充量随胸围大小而增减，160/84的原型中乳凸补充量在3.5cm左右。女性前身由于乳房的隆起，致使垂直方向的曲线前面比后面长，如果不在前片追加乳凸补充量，则原型立体化后穿在人体上前片会出现"上吊"现象，如图2-7所示。

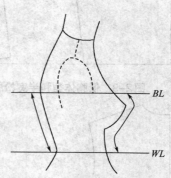

图2-7 乳凸补充量的设定依据

乳凸补充量的存在使衣身前片原型的腰围线发生了变化，由此产生了一个实际问题：前后衣身原型的腰围线关系如何，即衣身原型的摆放位置如何。

女装原型通常有三种对位法。

一、合体服装对位法

合体服装是指胸围松量与原型相似的服装，其胸围松量一般为10～13cm。制图前在样板纸上画一条水平线，把前片原型的腰围线对准水平线，拓画到样板纸上，这样对位，前肩颈点高于后肩颈点约0.6cm（随胸围大小而增减），以保障不同大小的胸围有相应的前后腰节长度差；前后袖深点的高低差与乳凸补充量相等，按乳凸补充量设计、缝合侧胸省后，前后袖深点即等高，前后侧缝亦相应等长。这种对位法能使初学者直观地看到前后腰节长度差、侧胸省的存在，简洁、准确地塑造乳胸的立体造型，而且前片原型的侧缝斜线为侧胸省缝合时产生的内凹量提供了补偿，如图2-8所示。

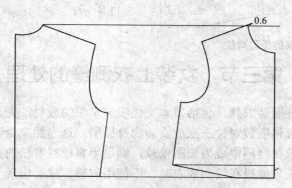

图2-8 合体服装原型对位

二、低胸体型或半宽松服装对位法

低胸体型是指乳胸尚未发育成熟的少女以及乳胸趋于萎缩的高龄女性。低胸体型的合体服装制板时，先在样板纸上画一条水平线，将前片原型的腰围线适当降低，一般降低乳凸补

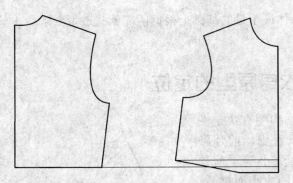

图2-9　低胸体型和半宽松服装原型对位

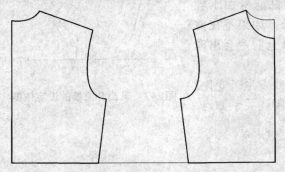

图2-10　宽松服装原型对位

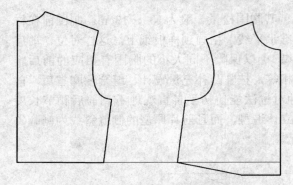

图2-11　错误的原型对位

充量的1/3～1/2，再拓画到样板纸上，这样对位减少了前肩颈点至腰围线的高度（即前腰节长），亦相应减少了乳凸补充量。因为这类体型胸围与胸下围（乳胸下沿的水平胸围）之间的差值较小，乳胸曲面较小，侧胸省宽度应相对减小，前腰节长亦相应减小。另外，半宽松式合体袖正装（上衣、西服等）不论何种体型都按此法对位，因为此类服装不太贴体，胸围的松量一般在15cm以上，胸部造型趋于直线化，前腰节长宜适当减小，如图2-9所示。

三、宽松服装对位法

非常宽松的服装，胸围的松量一般在25cm以上，省量很小或者根本不捏省，为了提高制板效率，往往套用后片的板型进行前片制图。这类服装制图时，先画好后片原型，再将后片原型拓画在前片原型的位置上，添加前片原型的领围线后形成新的前片原型，如图2-10所示。

四、错误的原型对位法

初学者常会出现错误的原型对位方法，此举将乳凸补充量完全扣除，使前腰节长度太短，形成驼背的服装，这种错误一旦形成很难补救，一定要避免出现这个错误，如图2-11所示。

第三节　女装上衣侧缝的处理

我们经常看到有些服装书籍，包括日本文化服装学院的教材，无论服装属于合体、半宽松还是宽松，都按照合体服装对位法摆放女装衣身原型。这当然完全可以，我们可以用省的转移原理将一部分省放在腰围中成为腰围松量，满足半宽松或宽松的要求，同时降低前片腋下点，使前后侧缝等长。如果在绘制成衣时，不使用省移，就会出现一个问题：如果服装属于半宽松或宽松，即不用尽全省，前后侧缝会出现不等长的现象。为了使前后侧缝等长，有些初学者直接将前袖窿挖深至后袖窿深处，出现了前袖窿比后袖窿还要深的本质性错误。

一、半宽松服装侧缝的处理

半宽松的服装，后腋点要挖深，例如挖深1.5cm，则前腋点比后腋点多挖深1.5cm左右，

使前后侧缝之差由3.45cm左右变更为2cm左右，放在腋下省中，如图2-12所示。因此，半宽松服装的前后侧缝之差＝前后腋点挖深量之差（1～2cm）＋腋下省。

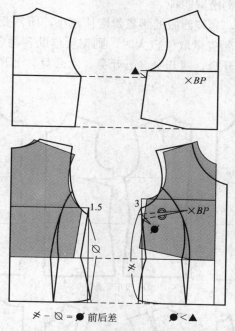

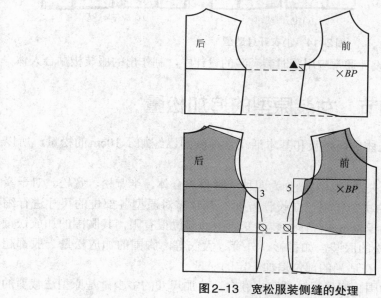

图2-12 半宽松服装侧缝的处理

二、宽松服装侧缝的处理

宽松的服装，一般没有腋下省，也没有了腰围线的界定，可将前腋点比后腋点多挖深2cm左右（160/84原型中后袖窿比前袖窿高2.3cm），使前后衣片的袖窿深基本相同。然后将前后侧缝等长来确定前后衣长，如图2-13所示。

图2-13 宽松服装侧缝的处理

一般套装西服从结构上进行分类可参照的依据如下。

（1）合体度　套装西服从合体度角度分类可以根据围度松量大小及胸腰差值分为合体型、较合体型、较宽松型和宽松型四种。

（2）开身数　一般情况，套装西服的腰省量取值越小，所需要的分割线就越少，服装廓型趋于直筒型；相反的，当腰省量取值较大时，则需要借助各种省道、分割线来实现造型。常用的套装西服开身数有三开身、四开身、五开身、六开身、七开身以及八开身，如图2-14所示。

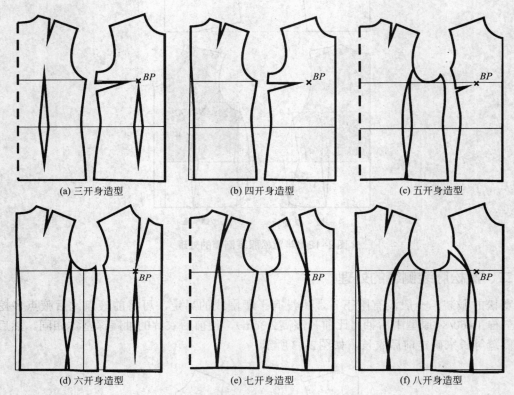

图2-14　上衣开身造型

开身数大于八的上衣结构设计通常应用于时装套装的设计中，制作出的服装极贴合人体。

第四节　女装原型的追加松量

女装衣身原型为了保障人体顺畅呼吸和基本活动量，胸围已经加了10cm的松量，所以原型是一种合体状态。

服装根据其与人体的空间关系可以大概分为四种：紧身、合体、半宽松、宽松。对于紧身服装来说，材质起着很大的决定作用，在设计方面，有时需对原型各部位的尺寸进行缩减，即使加放松量，一般也小于8cm；合体服装改变原型的部位很有限，其胸围的加放松量为8～14cm；但半宽松和宽松的服装，如衬衫、外套、大衣等，胸围的加放松量一般都超过15cm，要在原型的基础上，在适当的部位追加一定的松量。

原型追加松量的部位有胸围、肩斜线、袖窿、领窝。追加尺寸的多少，是原型法裁剪的重点和难点，当然，结构设计不是唯一的，其本身具有一个允许的模糊范围。模糊范围的存在给设计者提供了一个宽松、弹性的设计空间，使设计者淋漓尽致地展现了个性和风格。然而，结构设计的模糊性并不否认结构设计的规律性，以下我们就来探索这种规律性。

一、胸围的追加松量

胸围的追加松量分配在后侧缝、前侧缝、后中线和前中线上。由于人体经常向前运动，所以追加松量时后身幅度比前身幅度要充分，为了保持服装前后中心部位的平整，大部分的追加松量分配在侧缝。推荐比例如下。

（1）合体服装　后侧缝：前侧缝：后中线：前中线=4：2：1：1或5：3：1：1或6：3：1：0。

（2）半宽松服装　后侧缝：前侧缝=3：1或2：1。

（3）宽松服装　后侧缝：前侧缝=2：1或1：1。

当然，设计者可根据自己的设计需要，在允许的范围内自行设计追加配比。胸围总追加松量的确定至关重要，在这个问题上，原型法缺少理论说明，我们可以借鉴我国的比例分配法。比例分配法习惯把服装分类，确定某类服装的围度加放松量范围。分类时可以大概分为紧身、合体、半宽松、宽松四类，也可以细致地分为衬衫、西服、马甲、春秋装、旗袍、夹克、大衣、长裤、短裤、连衣裙、短裙等具体款式。例如，男衬衣胸围总加放松量为18～22cm，女西服胸围总加放松量在15cm左右。我们可以把这部分理论引入原型裁剪法，具体方法如下：首先根据服装平面效果图确定胸围总加放松量，如某外套，胸围总加放松量确定为18cm，因为衣身原型中已有10cm的松量，所以胸围总追加松量为8cm。参照推荐比例，后侧缝追加3cm，前侧缝追加1cm，前中心因为需要折叠，0.5cm是布料的厚度，如图2-15所示。

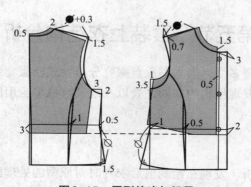

图2-15　原型的追加松量

二、肩斜线的追加松量

肩斜线的追加分为两个方面：一方面肩斜线要延长；另一方面肩斜线要抬高。自然肩位的服装肩斜线延长一般为0～3cm，以前片为准。后片的小肩宽略长于前片小肩宽0～0.5cm。后片原型肩斜线中包含肩胛省1.5cm，极其宽松服装取消肩胛省，使1.5cm成为肩斜线的一部分。肩斜线抬高的主要原因是垫肩的存在，不需要垫肩的服装，如马甲、马甲裙、吊带裙、合体连衣裙等，肩斜线斜度保持不变；垫肩较薄（1cm左右）的服装，如衬衣，后片肩斜线抬高1～1.5cm；垫肩较厚（1.5～2cm）的服装，如外套、大衣等，后片肩斜线抬高1.5～2.5cm。前后片肩斜线抬高量略有不同，后片肩斜线抬高时，前片可以保持斜度不变或者略有抬高。后片肩斜线抬高量一般为1cm、1.5cm、2cm、2.5cm；前片肩斜线抬高量一般为0.5cm、0.7cm、1cm。设计者可自行进行配比。前片肩斜线延长1.5cm，后片肩斜线比前片长0.3cm，前片肩斜线抬高0.7cm，后片肩斜线抬高1.5cm，完全符合我们的规律。

三、袖窿的追加深度

胸围的追加松量使袖窿变宽，为了取得袖窿宽和袖窿深的配比平衡，袖窿也要追加深度。袖窿的追加深度以后片为准，最大不能超过12cm，否则将影响手臂的正常运动。袖窿的追加深度一般接近于后侧缝胸围的追加松量。后侧缝胸围的追加松量为3cm，袖窿追加深度为2cm。前片袖窿的追加深度涉及的因素较多，如胸省的大小、前后衣片的相对位置等。一般来说，前片袖窿的追加深度比后片大0～2.5cm。绘图时也可以不考虑前片袖窿的追加深度，直接由前片侧缝处的底摆处向上量取后片侧缝线的长度来决定前片袖窿深的位置。

袖窿的追加深度也可以根据服装胸围的适体程度来确定。紧身的服装，腋下点可适当提高；合体的服装，袖窿深度不变；半宽松的服装，袖窿的追加深度为1～3cm；宽松的服装，袖窿的追加深度为4～8cm，特殊情况可追加到12cm左右。

四、领窝的追加松量

领窝由领深和领宽构成。领深的追加松量应根据服装平面效果图中领子的设计位置来决定。普通领型的追加松量很有限，一般在0～1cm之间，但时装领型（如一字领）的领宽追加较灵活，也要根据领子的设计位置来决定。

第五节　套装上衣结构分析

虽然女套装的款式造型多变，但本书重点探究分析女式西服套装及几款经典女套装结构制图，因此在变化中仍能发现结构的共同之处以及绘制时原型应用的一般规律。对此，分部件进行分析。

一、前后衣片结构

经过对上装绘制的分析，发现在绘制前后衣片时对原型的处理应用有多处共同之处。

（1）前片前止口线处，由于考虑服装所用面料厚度，根据面料的不同放出0.5～0.7cm的量。在此基础上画出所需的叠门宽，一般单排扣叠门宽为1.8～2.5cm，双排扣所需叠门宽根据设计再另外追加。

（2）西服式外套一般做出0.7cm的撇势。

（3）衣身各省道结构的分布和省量分配的一般规律。

衣身的省道的作用是在平面的布面上做出符合人体曲线的立体造型，因此省道从功能上可以分为两种：一种是用以做出人体凹陷的曲线，例如消除胸腰差的腰省；另一种是做出人体突起弧度的省道，例如前身的胸省、后身的肩胛省。

经过实验结合经典款式绘制图分析，可得出女套装一片省道结构设计的基本规律。

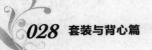

（1）合体造型的女套装胸腰差量可设计为14cm、16cm、18cm，其中16cm为最常见。

（2）女套装中，当胸腰差量为14cm时，腰省量的分配为前公主线：侧缝：后公主线≈3：6：5；当胸腰差量为16cm时，腰省量的分配为前公主线：侧缝：后公主线≈3：8：5；当胸腰差量为18cm时，腰省量的分配为前公主线：侧缝：后公主线≈2：4：3。

综合起来，女套装的腰省量的分配可取前公主线：侧缝：后公主线≈3：6：5，这是较为适宜的，其衣身的最后造型较好。

二、领窝结构

（1）一般外套都会在原型领窝的基础上进一步开宽，作为套装的基础领窝。开宽一般规律为半身前后领侧颈点均开宽0.5～1cm。

（2）部分上装切展领口闭合胸省做领口省。

三、肩与袖窿结构

（1）西服或礼服类套装肩部一般会有垫肩等填充物的设置，因此对于原型肩部上的结构变化主要包括肩点的抬升，并且根据抬升量适当延长肩线，为肩部填充物做出放量。

（2）袖窿根据款式造型要求进行变化，在相关结构上一部分受胸围变化的影响，在胸围加宽的同时袖窿按需求可相应地加深一定的量。另一部分受肩部结构变化的影响，后肩点的抬升便是通过对原型后袖窿的切展，并且闭合一部分肩胛省量而达到的效果。肩、袖在肩端点相连，因此肩线和袖窿的结构变化是互相影响的。

四、套装上衣结构优化

以人为本的人性化设计已成为服装设计学科关注的焦点，如何在展现服装美观的同时最大限度地考虑人体的机动性，并且将服装从结构上予以优化，给予其适合人体活动的机能性与功效，力求体现服装覆盖人体的合理性以及配合人体机能的科学性。服装人体功效便是这个目标的参照及依据，本书的主要观点之一便是服装的结构设计当中，不应该只局限在美学及普遍可用性的构成上，上述两点应建立在发挥人体运动、安全、卫生、舒适的综合效用上，力求结构的严谨科学，使服装来适应人体。

图2-16 套装西服样衣

做到美学与人体适用性相得益彰的女套装便能够在人体的穿着中达到最佳的效果。样衣展示如图2-16所示，规格尺寸见表2-1。

表2-1 样衣规格尺寸

单位：cm

部位	尺寸	部位	尺寸
衣长	58	后领宽	3
胸围	90	翻领宽	6
腰围	80	驳领宽	8
下摆	92	肩宽	38
领座	3		

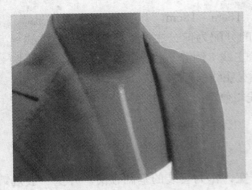

图2-17　领部前身效果

图2-18　领部侧身效果

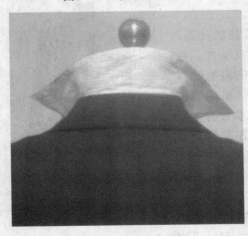

图2-19　领部后身效果

（一）领部结构优化

从人体工效学的角度分析领部在结构设计中的处理方法及结构优化。

衣领处于服装的最上端，是整个服装的视觉中心，是设计的重点之一，因此也是纸样结构设计时需要尤为重视的部位。尤其对于大部分女性正式套装而言，领部的设计对服装的外观效果和舒适性影响极大，因此，从一定意义上来说，领部的结构和造型直接影响服装整体设计的成败。

样衣领部展示如下。

领部前身效果如图2-17所示。

（1）领部在前身平整伏贴，但与人体之间仍留有一定的浮余量。

（2）翻驳领自然平贴衣身，无起翘或褶皱。

（3）翻折线贴合侧颈，线条顺畅，既不远离，也不压迫侧颈。

领部侧身效果如图2-18所示，领部后身效果如图2-19所示。

后领与颈部留有一定空隙量，使颈部能够舒适地活动。翻领翻折后能盖过后领窝线，因此不妨碍外观。

总体来说，上装领部结构设计需达到的外观效果和着装舒适度主要包括领部的平服及与人体之间留有适当活动量。

1. 颈部基本形态对领部结构设计的影响

套装通常情况下分为无领型和有领型。无领型套装领部主要是突出实际领窝线设计，它的设计要点如下。

（1）确定基础领窝。

（2）找到实际领围线。

有领型套装在结构上就是多了领片结构，在纸样设计中既增加了领片的绘制，其中领片的组成也分各种方式，包括立领、翻领、驳领等，在纸样构成中各具特点。但统一来说，对有领型的套装，领窝的确定同样是领片设计的基础，要点包括以下几个。

（1）确定基础领窝。

（2）找到实际领围线。

（3）确定领型。

（4）根据领型设计需要修正领窝。

颈部基本构造影响服装领窝线，由于胸肌、斜方肌、僧帽肌的共同作用，人体颈部呈向前倾斜状，中心倾斜角女性平均为19°。由于颈部倾斜角的存在，体现在纸样设计中的要素就是前领口加深，后衣片领口位置提高。在套装的纸样设计中，有领型领子的领片的倾斜角与颈部倾斜角的关系，决定了领子是贴合颈部还是离开颈部。

为了达到使领部贴合人体颈部的着装效果，在领窝线的结构设计中后领窝线水平位置高于前领窝线的结构设计能使整体领部在自然状态下，着装效果顺应颈部前倾状，如图2-20所示。

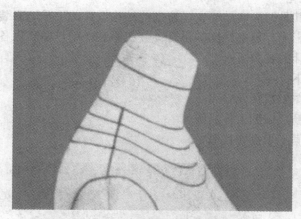

图2-20　人体颈部前倾形态

2.　领窝的变化规则

对于领窝一般有6个方向上的变化，每个方向都是针对不同款式或造型要求的优化设计，并不是任何一款外套的领窝线结构设计都能随意地进行变化，如图2-21所示。

①、②方向表现的是侧颈点处领部贴近或远离颈部的效果和结构。通常来说，一般的驳领套装会要求领子尽量贴合颈部，以达到平服合身的着装效果。而部分休闲套装，主要是衬衫套装，会使用企领或立领的设计，这时对于颈部贴合度的设计优化，可以分别营造出端庄正式或休闲舒适的不同效果。

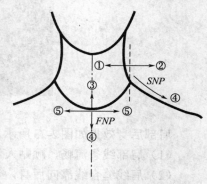

图2-21　领窝变化

③方向是在FNP将领线上抬，一般在立领设计的款式绘制中采用较多。立领设计的套装一般要求领部在留有一定活动量的前提下贴合包围颈部，若领线依旧采用原型基础领窝线的话，要达到贴合的着装效果在纸样结构设计以及工艺制作中都会有一定的困难，于是提高领线位置，从人体结构上来看，即使领窝线接近人体颈部倾斜圆柱的横截平行面。这样无论从结构还是工艺上都能更为简单地达到包围颈部并伏贴平顺的效果。

④是与③方向相反的变化，将领线在FNP点处挖深。在套装的设计中，这是很普遍使用的，一般驳领设计或开衫形式的套装领部的V形效果就是前领窝点挖深的结构变化。另外，无领的套装款式通常也会挖深前领，而且一般还会结合其他方向上的领窝变化，这个下面便会说到。

⑤方向是从前中扩张领线，主要是对前领窝弧线的改变。一般有领型的套装不会在绘制纸样时扩大领宽，甚至为了贴合颈部及达到平服的领部贴体效果，反而会缩小领宽。但无领型的套装由于款式和外观需要等往往会用到⑤方向上的领部变化，例如夏奈尔式套装的领

部就是在基础领窝线的基础上扩展变化而来。如图2-21所示⑤方向上的变化是集中在前颈点（*FNP*）的扩展，因此扩展到一定程度之后就会形成方领的款式效果。

⑥方向上的变化也是属于直接扩展领宽的一种，不是通过对领窝弧线的改变，而是直接对领宽进行扩展。

（二）肩部结构优化

对于女式套装尤其是西服套装而言，肩部的结构设计无论是对服装外观效果还是着装舒适度都有极其重要的影响。肩部结构的不合理会在服装的制作中产生各种各样的问题，最终导致成衣不能达到设计的要求。

样衣肩部展示如下。

肩部前身效果如图2-22所示。

（1）肩部线条流畅，顺贴人体肩线。

（2）肩部造型饱满，平挺无褶皱。

图2-22　肩部前身效果

肩部后身效果如图2-23所示。

（1）肩部线条流畅，顺贴人体肩线。

（2）肩线缝合线靠向后身，使前身服装整体美观整洁。

图2-23　肩部后身效果

1. 肩宽造型设计

服装款式决定纸样形状变化的趋势，如图2-24所示，①方向具有抬高和加宽肩部的双重效果。可以看成②与③方向的结合。一般应用于男装，但在现代女装设计方面，女式职业用西装套装优势为强调现代女性的干练或追求男性化的风格，便可以在纸样设计中采取③方向上延长肩线。制作时加入垫肩达到②方向上的抬升，从而使服装肩部总体呈现①方向的扩展，增强女性的刚毅、坚强、干练的风貌。

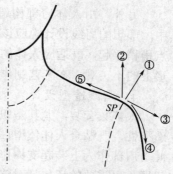

图2-24　肩部的变化

单纯②方向上的抬升也是套装尤其是西服套装或礼仪套装中普遍使用的强调效果。各类职业套装为追求挺拔、精神的着装效果，常常会采取这种向上抬高肩部的设计，工艺上就是垫肩的使用。另外，在女套装的设计过程中，在不延长肩宽的前提下抬高肩线也可起到稍稍修正肩部的作用，使肩部稍显狭窄。现代女性大多还是追求纤细、柔美的体态，肩部过宽在套装的设计中并不利于体现女性的柔美感。

③和④方向都是拓展肩部造型的设计运用，常应用于休闲套装的纸样设计中。相对于③方向，④方向更强调肩部下垂的要素，这往往与连身袖的设计相结合，以达到宽松、舒适、休闲的着装效果，在套装的设计中属于较为时装化的设计。

⑤方向上的变化多用于无袖或缩袖设计的套装，一般贴体修身较多。适当缩短肩线在缩袖的套装制作时能够达到较好的缩袖效果，能够修正人体肩部造型，使成衣的着装效果更为精致、精神，也更能展现女性的柔美、纤细。

2.　肩斜度造型设计

文化式女装原型的肩斜度设定是前肩22°，后肩18°。肩斜度与人体其他部位相关性较小，而个体差异性较大，就人体统计来看，随着肩宽的变化，宽肩人群中端肩出现的概率较大，同样，肩宽趋于窄小时，溜肩的比例也随之上升。

日本旧文化式原型中肩斜度与后领宽的1/3有密切的关系，而后领宽又与胸围有关，因此肩斜度会随胸围变化，但就人体而言，肩斜度的形成是由颈点、肩峰点连线与水平间的夹角造成的，因此可以说肩斜度与胸围没有直接联系。

新文化式原型中采取了固定肩斜度，即前肩斜度22°，后肩斜度18°，平均肩斜20°，比人体实际肩斜23.8°稍小，既满足了人体的活动，又考虑了应用覆盖率的问题。前肩斜度大于后肩斜度的设计主要是由人体肩部的呈弓形的生理构造决定的。

3.　肩部设计结构规律

在肩线倾斜度稍大的情况下，除了极柔软或悬垂性较好的面料外，肩线倾斜度较大通常都会导致服装在侧颈点浮起，同时在肩端点紧贴人体，对肩端产生过大的压力。对于西服套装等着装效果要求严格的套装来说，这是不符合要求的，既影响外观效果，也不利于工艺制作，即使对服装外观的要求降低，穿着的不适感也会降低服装的适用性。

但在设计休闲套装或运动套装时，这种肩线的设计反而能使颈部的运动更为灵活，对于弹性较好的面料制成的服装，在肩端压力不至于太大的前提下，也是可以被设计应用的。

在同上述情况相反的设计中，即肩线倾斜度较小时，显然会导致服装压迫侧颈点，而在肩端浮起。这样的着装效果会导致领部出现皱褶而不平整，肩端造型不美观、精致，也不利于工艺制作。在正式套装的评定中，这样的服装结构及着装效果是不符合要求的。但在某些时装套装的设计中，肩端浮起也常被作为一种时尚元素加以设计应用，但同时必定要保证领部的合体和舒适度。

另外，由人体肩部构造可知，通常人体的肩部呈前窝后凸的弓形，因此，在服装制作中，理想的肩线设计也应该是呈曲线状。这种肩线设计在侧颈点有适当的放松量，同时肩端点稍稍浮起，既适应人体的正常活动，又不会对人体造成不适的压迫感或过于浮空带来的外形上的不美观。在工艺制作中，这种肩型设计还有利于各种套装垫肩设计及制作。

4. 肩线造型设计

大多数套装，尤其是职业用西服套装或正式的礼仪套装等，所使用的面料都具有良好的造型性，既贴合人体体型，又能使用各种工艺手法制作出各种符合人体的特殊结构造型。因此，肩部作为上装起支撑作用的部位，它的线条设计不单单是外形上给人舒适、美观与否的问题，更重要的还包括对整件服装结构成型上的影响，由此显得尤为重要。

由于人体肩部呈弓形，这就使人体肩线略带弧状。若以贴身纸样平展开来，可得到前肩缝窝、后肩缝凸的结构图。

西服套装的制图过程中往往使后肩缝长于前肩缝，长出的部分称为后肩吃势。这样的制图方法可使服装背部微微鼓起，贴合人体肩胛骨，并且使前肩部分平挺。

5. 影响肩部结构的部位

肩部的结构不是独立存在的，肩线的两端分别联系着领口和袖窿。因此，在上装纸样的设计绘制中，肩线往往受到领窝、袖窿等肩端联系部位的影响。所以，在套装肩部结构优化的过程中，其与领、袖等各部位之间的相互影响十分重要，对于肩部结构优化，需要注意的包括以下几点。

（1）肩部结构与领的关系　前后横开领的设计也是肩部结构平衡的关键因素之一。在套装的纸样结构设计中，通常情况下，要求后领宽大于前领宽。在文化式原型中后领宽比前领宽大了 0.2cm，这是为了满足套装设计时肩线前移的要求。这样的肩线位置符合人体生理结构的趋势，使服装更为贴合人体。

在西服套装的设计中，也有刻意后移肩线的设计，这是为了使着装时正面的视觉效果整体美观、干净，但同时也要考虑人体肩部结构特点来设计。

若领宽变化而肩斜度不变，则会导致肩线不贴合人体或对颈部、肩端产生压迫感。因此，为了着装效果和穿着舒适度，在套装的纸样设计绘制中，领宽的变化在肩斜度固定不变的基础上调整，以此避免上述情况的发生。

（2）肩部结构与袖窿的关系

① 西服套装　通常来说，西服套装要求符合人体，平挺、整洁，因此多为合体设计，对于女套装而言肩宽不会过大，肩斜度较男装稍大，袖窿弧度大，同时袖窿深较浅，袖山高增加。这样的肩袖设计非常贴合人体，外观效果整洁、平挺，但运动性能较差。

② 衬衫套装、休闲套装、运动套装　这些类套装，往往重点在于考虑人体的舒适度，外观要求休闲时尚居多。因此，宽松型的设计通常较多，在纸样制作中，采用增加肩宽，减小肩斜度，加深袖窿且削弱袖窿曲线，袖山相应减小的手法，以达到所需的运动性能。但这样的袖子较为平面，立体造型不强。

③ 中式套装或有些运动套装　落肩量为0时，肩线与袖结构重合。这类服装不强调肩部造型，体现的是一种自然随意。

6. 肩部结构的弊病分析

肩斜度过大，使服装造型与人体体型不符，导致肩端紧贴，肩颈点浮空，领口荡起。相反，即肩斜度过小的情况下，则会导致肩端点浮起，肩颈点受压迫。

单独分析后肩时若后肩斜过大，则会使衣身被牵拉向后部，因为大多数人肩部通常呈向前凹形，故使肩线稍前移才符合人体。

横开领宽不合理，后领宽小时也会将衣身向后牵拉，肩线此时会不符合人体肩部结构，同时也会导致后肩缝附近布纹紧绷。

了解肩部结构，并且根据肩部的结构特征进行服装结构设计的优化，是决定上装款式造型优劣的重要因素。在纸样设计时，应从肩部的倾斜度和肩宽、肩线造型以及其领口、袖窿的关系等方面综合考虑，并且在纸样的绘制中对各细部进行进一步的优化设计和修正，才能使服装的造型更加美观合体。

（三）套装公主线的优化

公主线作为女套装设计中兼具结构与造型效果的分割线，公主线的优化不仅仅能使服装在外观效果上达到视觉上的修饰效果，探究衣身各省与公主线之间的关系更能从纸样结构上使成衣更符合人体。

1. 设计原理及分类

公主线的本质是连省成缝，省量是由于胸腰之间的围度差形成的，收省的大小、位置是结构设计与优化的关键。

在套装上衣的结构设计中连省成缝的方式一般有腰省与腋下省连省成缝、腰省与肩省连省成缝、腰省与袖窿省连省成缝这三类。

2. 优化设计

公主线结构设计的优化重点是绘制出适用于不同套装款式的合理的公主线结构。

套装的分类中提到，套装可根据不同的依据分为许多类，公主线首先是作为结构分割线被应用于套装设计中，因此公主线的设计与套装上衣的结构廓型密切相关，衣身造型的不同与省道的位置分布相关，而公主线的本质是连省成缝，因此省道的分布是决定公主线位置的主要因素之一。

如图2-25所示，表现女性胸部形状的量分至四个方向，因此在结构上这四个方向上都会因为胸部的突起而产生衣身的浮余量，理论上讲以BP点为中心的各个方向上都可以将多余褶皱量做成胸省。但为了细分胸省以能够对数据进行分析，在公主线的设计中合理利用数据，优化公主线的设计，这里将胸省量分为横向胸省量和纵向胸省量。其中横向胸省量是指通过BP点围度方向上的省量；纵向胸省量是指通过BP点纵向长度方向上的省量。

公主线是指连省成缝，一般为腰省和其他部位的省结合而成。在女装外套的结构设计中，一般会将横向向下的胸省量融入腰省中，而纵向前中省量在外套的设计中很少出现，因为对于外套的穿着舒适性而言，保留前中的胸突余量更适宜人体的活动及内层服装的穿用。

通过对标准160/84A人台的定点测量，得出所需的数据，依此对公主线各省所需量做出适当的调整，确定各类公主线的省量。

由于女性体型的特殊性，在胸围相同的情况下，形

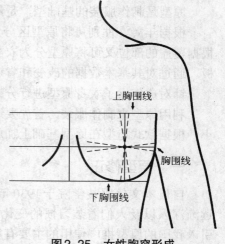

图2-25　女性胸突形成

体上的差别可能较大，对于前身公主线的设计优化，主要考虑其结构与人体胸型的适宜度以及外观效果的美观性。

女性的胸型按图2-25所示四个方向的胸省量分布的大小不同，可分为扁平型胸、圆锥型胸以及半球型胸。

通过各种实验探究及实际验证，主要针对不同的人体及款式得出以下有关女套装上衣公主线设计基于人体结构优化的关键。

（1）对于扁平型胸，胸突的主要量表现在上胸围与下胸围的差，而且省量较小。因此，最适宜的结构处理方法是将部分胸突量转移至腰省，设置肩部公主线结构，这样的分割设置最符合人体，成衣效果较好。

要注意的是，为了在视觉上弥补胸部扁平的人体结构，宜将肩部公主线在胸围线附近设计成弯曲的弧线，以达到视觉修饰的效果。

（2）对于半球型胸或圆锥型胸来说，这两类胸型上胸围与下胸围的差值较大，因此省量在各个方向都较大。理论上最佳的省道结构设计是在四个方向上均做省能达到较完美的效果。但在套装上衣的结构设计中，除非时装套装处于艺术上的表现需求，否则在成衣的结构设计中太多的省道设置会影响服装整体的整洁干净度。

因此，对于针对这类胸型的公主线结构设计，优化的重点在于如何将省道设置最简化，同时在遵循省量最大不超过3cm的一般原则基础上，发挥公主线分割结构的功能性与装饰性。

由于胸省量过大，所以需要对其进行分配，除一部分转移到腰省外，在驳领上装的设计中还可以将一部分胸省量转移到领部，作为领口省，这样既达到了分散省量符合圆锥型胸型服装的结构需求，又因为领子的遮盖而不影响服装整体的整洁、美观。另外，还可以在公主线的基础上增加装饰线的设计。

第六节　西服套装衣身二次原型设计

服装造型学中的原型，是指各种服装纸样设计过程中的基础纸样，一般要求在设计上尽可能简单，并且适合人体形态，能方便进行各种变换以制作实际所需服装样板。

原型是制作服装的基础型，是最简单的服装样板。

根据年龄、性别可将原型区分为成人女子原型、成人男子原型、少女原型、儿童原型。根据覆盖的部位又可将原型分为衣身原型、袖子原型、裙子原型、裤子原型等基本款式的样板。通过对其基本数据的改变和省道分割的变换以制作各种实际所需的服装样板。

针对成年女子衣身原型进行分析讨论。

利用原型来制作服装，首先要选择合体的原型作为基础，然后根据款式确定宽松量的大小，根据款式造型在原型基础上加放、推移，做成样板。

一、原型修正

自日本文化服装学院于1930年发明了第一版文化式女装原型，随着对人体体型的研究逐渐深入以及人们着装习惯的变化，文化式原型在过去的几十年中经历了数次变革。目前，引入我国的原型推广使用的主要有第七版和第八版两种，通常分别称为旧文化式原型和新文化式原型，简称旧原型和新原型。

在原型的应用中，利用同一个原型制作各种实际所需的纸样，需要根据着装状态和面料厚度的不同，分别加入不同的松量来绘制外套、西装和大衣等不同的服装。这样的操作缺少针对性，在不同类别服装的实际制图过程中需要在原型的基础上进行较多的复杂绘制，不利于提高制图效率。

因此，以下将根据人体实际穿着的功效性和美观性，在现有常用衣身原型的基础上进行二次修正。

原型修正过程展示如下。

第一步：选择基础原型，如图2-26所示。

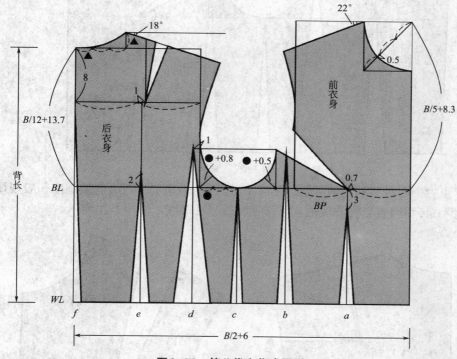

图2-26　第八代文化式原型

由于套装上衣省道、分割线上的结构变化较多，从宽松直筒型到贴体收腰型，涉及的腰省结构变化较多。而相较于第七代文化式原型前梯后矩的衣身结构，第八代文化式原型在腰省的分布和分配上更符合人体结构，同时贴近于套装通常使用的省道设计，便于二次修正。

因此，日本第七代文化式原型在结构设计上更适合制作套装上衣的二次原型。对于使原型适用于女套装上衣的衣身结构设计，主要的修正点包括衣身肩部的修正、衣身领宽的修正、省位的分布变化、省量的分配应用和原型衣身长度的修正。

这几点可以作为一般套装上衣的通用变换，而像叠门宽、领深等因素受款式造型等因素影响较大，因此在原型的修正时不做具体考虑。

第二步：闭合肩胛省，做出撇势，如图2-27所示。

在第七代文化式原型的基础上，闭合2/3的肩胛省，剩余的省量作为后肩松量；切展后袖窿，切展量作为袖窿松量。此步变换为使原型符合套装肩部填充结构设计，抬升后肩，袖窿融入垫肩所需加放量。

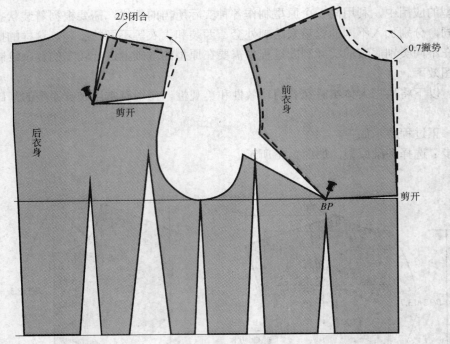

图2-27　撇胸

以BP点为中心转移袖窿胸省量，在前中做出0.7cm撇势，符合套装制图一般规律。

第三步：转移胸省平衡前后袖窿，修正肩线、袖窿线，如图2-28所示。

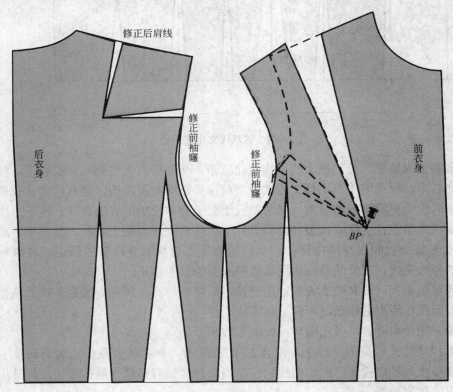

图2-28　转移胸省

为平衡前后袖窿，闭合2/3的袖窿深以*BP*点为中心转移至肩线处，余下袖窿省量作为前袖窿松量。修正后肩线以及前后袖窿线，画顺曲线，后肩线呈略凹的弧线，以伏贴人体肩部形状。

第四步：定位做新袖窿省，如图2-29所示。

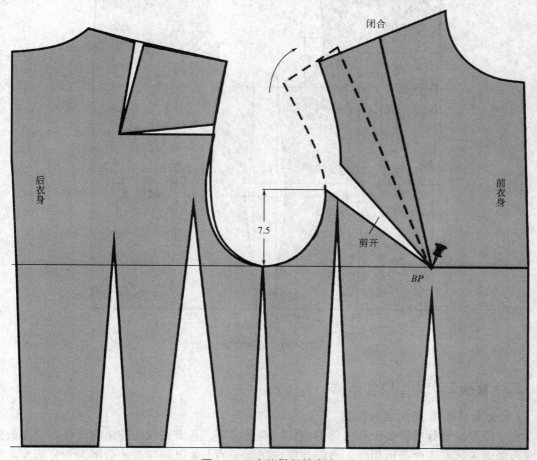

图2-29　定位做新袖窿省

根据女套装的制作规律，一般贴体型的上装省量较大，此时往往会使用到公主线式分割线，相较于刀背缝结构，公主线的省量应用往往较大，线条设计也更要求美观性和功能性并重。因此对于合体原型的袖窿省要进行重新定位绘制，一般袖窿公主线的设计后袖窿分割点要略高于前袖窿分割点，这样成衣效果更美观，结构更合理。因此，前袖窿省定位高度为距胸围线7.5cm，将肩部省量转移至袖窿。

第五步：延长后中至臀围线，加宽领宽，绘制省道，如图2-30所示。

由于套装上衣的长度一般至臀围线以下或略短于臀围线，因此将二次原型的衣长定至臀围线，腰长18cm。如图2-30所示的方式绘制公主线既便捷又美观，二次原型的省道并不是作为固定值使用的。对于不同的款式造型要求，根据腰省可平移的原则，公主线的造型设计还是可以进一步进行改变。

至此，适用于制作较合体女式袖窿公主线上装的二次原型绘制完成，下面便以上述的变换方法进行女套装上衣二次原型的制作及应用。

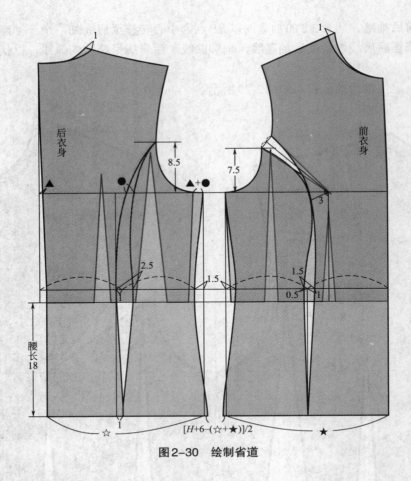

图2-30　绘制省道

二、套装二次原型制作依据

1. 女上装胸围覆盖率的探究

衣身原型的设计前提是把握人体的整体结构及细节，基于人性化的结构设计则需要最大限度地考虑人体舒适性及适用性。目前我国成年女子的上装以胸腰差的数据为划分标准，将女性体型分为Y、A、B、C四种，具体数据见表2-2。

表2-2　我国女性体型分类　　　　　　　　　　　　　　　　　　单位：cm

体型分类代号	Y	A	B	C
胸腰差范围	19～24	14～18	9～13	4～8

也就是说，我国成年女性从体型上看，胸腰之间数据差距在4～24cm范围内波动，由于多方面因素，为求论证有针对性，本书选取覆盖率最大的A体型进行专门的研究探讨。

目前上装的号型表示一般以身高/胸围体型的方式标注，下装则是身高/腰围体型的方式，其中胸围和腰围皆为净体数据。依此产生的号型系列是将身高以5cm分档，胸围以4cm分档，腰围以4cm、2cm分档组成的系列。为此，可得出我国女子服装生产规格存在身高与胸围或腰围同向增减的行业惯例。

然而，就人群而言，各人身体形态千差万别；就个体而言，大体上身高取决于骨骼的纵向生长状况，身体围度则受骨骼、肌肉、脂肪三个方面影响。因此，在身高增减的同时人体围度是否存在同向增减的趋势，号型编制遵循人体身高与围度同步增减的一般规律是否符合女性人体的实际体型尺寸需求？下面将对此做详细的数据分析和总结。

为消除其他变量因素对结论的影响，分析数据采用GB/T 1335.2—2008国家女子服装号型标准中的A体型有关的身高与胸腰围关系数据进行分析。A体型胸围在各身高区域内的覆盖率见表2-3。

表2-3　A体型胸围在各身高区域内的覆盖率
单位：cm

胸围（B）	身高（H）					
	145	150	155	160	165	170
68		0.43	0.64	0.46		
72	0.39	1.39	2.27	1.74	0.62	
76	0.78	2.95	5.25	4.36	1.70	
80	1.00	4.13	7.95	7.16	3.02	0.59
84	0.85	3.78	7.89	7.71	3.52	0.75
88	0.47	2.27	5.14	5.44	2.69	0.62
92		0.89	2.19	2.52	1.35	0.34
96			0.61	0.76	0.44	

由表2-3可知，胸围在68～96cm范围内，在各身高区域内的覆盖率呈类似抛物线的曲线变化，每个身高段都有明显的峰值区存在，即A体型女性该身高段内覆盖率最大的胸围数值范围。提取所需数据，进行计算并绘制表格，胸围覆盖率峰值区占各身高段的比例见表2-4。

表2-4　胸围覆盖率峰值区占各身高段的比例

身高/cm	145	150	155	160	165	170
占总比例/%	3.49	15.84	31.92	30.15	13.34	2.3
峰值1（胸围）/cm	1.00（80）	4.13（80）	7.95（80）	7.16（80）	3.02（80）	0.75（84）
峰值2（胸围）/cm	0.85（84）	3.78（84）	7.89（84）	7.71（84）	3.52（84）	0.62（88）
比例和/%	1.85	7.91	15.84	14.87	6.54	1.37
峰值区占比/%	0.530	0.499	0.499	0.493	0.490	0.596

本节提及的峰值区是为采集数据而定义的，表现出明显高于邻近数据的多个相连的数值，表2-4统一每段所选取的两个数据便是各自处于该段峰值区的数据，彼此之间相差较小，各自与另一相邻的数据有明显的落差是确定其处于峰值区的依据。

数据显示，样本内号型编制身高145～165cm的女性，胸围覆盖率的峰值区均为80cm和84cm；并且其占各身高段的比例均接近50%。也就是说，随着身高的增加，胸围数值却呈现在固定数值区域内高度集中的趋势。从服装号型编制上来说，即A体型身高145～165cm的女性，50%左右的胸围数值集中在80～84cm范围内，并且二者中无论哪个的覆盖率与其他胸围量相比都明显较大。

对于这样半数的集中率，可以认为，若从人性化的服装生产设计角度出发，145～165cm的A体型女装上衣，工业生产中的规格标注均应设置有80A及84A。

另一方面，从表2-3中可看出，当身高至170cm时，胸围的峰值数据出现在84cm和

88cm中，并且超过了50%。观察145～165cm身高女性的胸围数据分析也可看出，在155～160cm之间，数据的分布趋势有明显的分界。若以80cm与84cm作为胸围的中心数据，则可认为145～155cm身高段内小于中心数据的胸围覆盖率占较大比重；相反，160～170cm身高段内大于中心数据的胸围覆盖率占较大比重。

由此得出结论，在我国，A体型女性的胸围覆盖率存在80～84cm的固有集中区域，在此前提下胸围有随身高同步增减的一般趋势。为此，本书在做探究时均采用84cm的胸围进行数据分析，二次原型的实际以84cm的胸围作为基础研究对象是合理、合适的。

2. 二次原型尺寸规格

二次原型尺寸规格见表2-5。

表2-5　二次原型尺寸规格

单位：cm

部位	尺寸数据	部位	尺寸数据
衣长	56	胸围	94
背长	38	腰围	80
肩宽	38	臀围	96

选择人体体型为160/84A，净体三围尺寸为84cm、64cm、88cm。因此，此规格表的数据三围的加放量为胸围10cm，腰围16cm，臀围8cm，是合体套装西服原型。

三、套装二次原型制作

（一）套装基本二次原型

套装基本二次原型如图2-31所示。

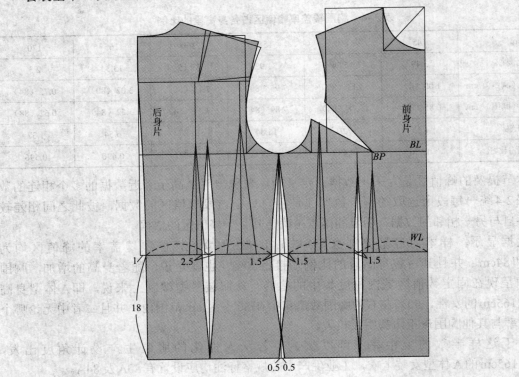

图2-31　套装基本二次原型

绘制步骤如下。

（1）延长衣身至臀围线，腰长取18cm。

（2）腰省取16cm，省量分配（半身）为后中1cm，后身腰身2.5cm，侧缝省3cm，前腰省1.5cm。

（3）切展后袖窿，闭合部分肩胛省，切展量和剩余省量分别作为袖窿及后肩松量。

（4）画出后中省及侧缝省，前后腰省分别定于前后衣身腰线中点。

根据绘制的基础二次原型，进一步变换可以制得多种套装衣身的款式基型。使用基型样板可以根据具体造型需要运用剪切、折叠、拉展等手法进行变化，这样的制图方法简便、快捷。

（二）公主线式二次原型

绘制步骤（图2-32）如下。

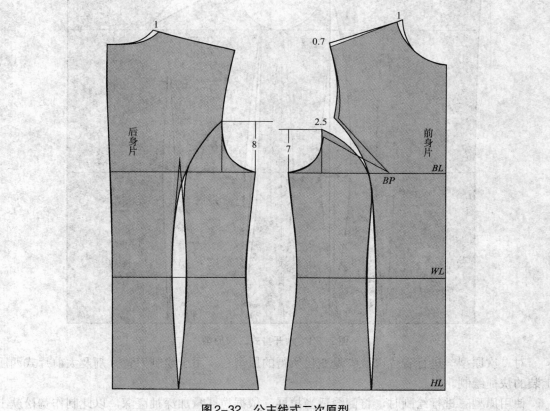

图2-32　公主线式二次原型

（1）在基础二次原型的领宽基础下开宽2cm，前后领各1cm。

（2）为平衡前后身肩部和袖窿，前肩抬升0.7cm作为肩部填充物所需松量，前袖窿取胸省的一部分作为松量，松量数值与后袖窿切展量相近。在此款变化中取2.5cm胸省量满足人体胸突，剩余量作为袖窿松量。

（3）从造型设计上考虑，后身公主线要略高于前身公主线，因此前、后身公主线分割点分别定于胸围线向上7cm及8cm与袖窿的交点。

（4）依照基础二次原型的腰省画顺前后公主线。

（三）六开身式二次原型

六开身式二次原型如图2-33所示。

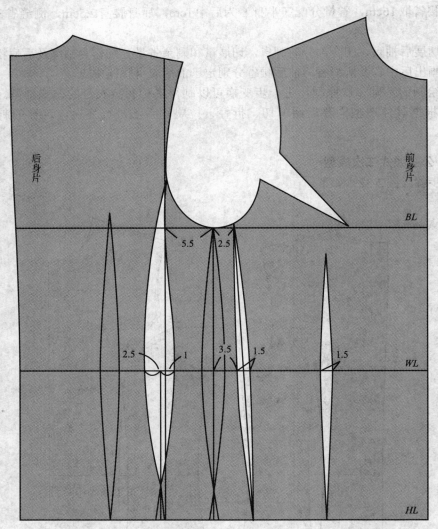

图2-33 六开身式二次原型

对二次原型一进行省位以及省量变化所得的原型三，用于绘制刀背分割及大前片式西服上装的快捷绘制。

使用原型三进行绘制时，将侧缝适当拉展，依据拉展量加深袖窿深，以此制作宽松款上衣纸样，如图2-33、表2-6所示。

表2-6 六开身式二次原型规格   单位：cm

部位	尺寸数据	部位	尺寸数据
衣长	56	胸围	94
背长	38	腰围	80
肩宽	38	臀围	96

四、套装二次原型应用

利用二次原型绘制女套装衣身纸样实例如下。

款式一：基础二次原型应用，如图2-34、表2-7所示。

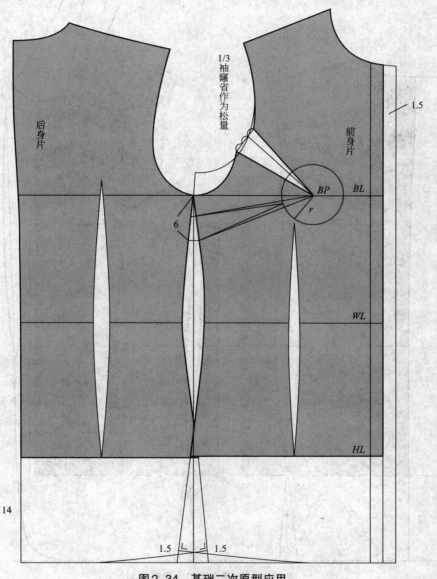

图2-34 基础二次原型应用

表2-7 基础二次原型应用规格   单位：cm

部位	尺寸数据	部位	尺寸数据
衣长	68	胸围	94
背长	34	腰围	80
肩宽	40	臀围	96

款式二：六开身式二次原型应用，如图2-35、表2-8所示。

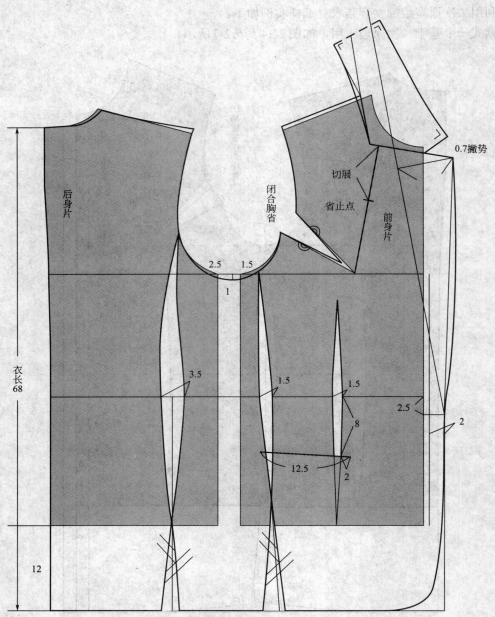

图2-35　六开身式二次原型应用

表2-8　六开身式二次原型应用规格　　　　　　　　　　　　单位：cm

部位	尺寸数据	部位	尺寸数据
衣长	68	胸围	102
背长	38	腰围	88
肩宽	38	臀围	104

款式三：公主线式二次原型应用，如图2-36、表2-9所示。

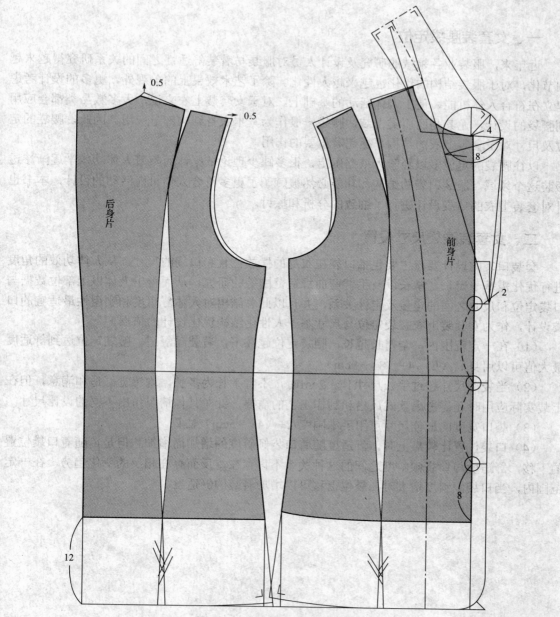

图2-36 公主线式二次原型应用

表2-9 公主线式二次原型应用规格

单位：cm

部位	尺寸数据	部位	尺寸数据
衣长	68	胸围	102
背长	39	腰围	88
肩宽	38	臀围	104

第七节　套装口袋及袋位的设计

一、女套装腰袋定位

近年来，服装业各领域的研究及设计人员对服装与着装舒适性之间的关系研究得越来越细节化，对于服装结构的优化也越来越人性化。除了艺术效果上的美观外，更多的设计考虑建立在符合人体机能、便于人体活动的基础上。对于女套装上衣来说，大多数品类都会应用到腰袋的设计，尤其是西服类上装，腰袋一般作为基本衣身结构部分应用。因此，腰袋的定位及尺寸对于套装上衣的结构平衡起着重要的作用。

以往腰袋的定位多以经验为依据确定，很多缺少理论依据，而随着人体功效学逐渐渗透服装这个领域，服装口袋的结构和功能必然被赋予了更多符合人体机能活动的设计，本书也针对套装上衣的口袋设计进行了细致的分析和探讨。

二、女套装腰袋尺寸设置

套装口袋的设计要点主要包括口袋在衣身的摆放位置和口袋的尺寸。从人体功效的角度进行优化需基于臂长、掌长以及手臂弯曲舒适范围等的研究，从而得出人体以上部位数据与口袋定位和尺寸之间的定量及定性关系，并且以此总结出对人体舒适度和实用性最适宜的口袋设计，作为女套装上衣腰袋定位与尺寸基于人性化结构优化设计的依据。

（1）在一定范围内，全臂长越长，腰袋定位越靠下，着装越舒适。腰袋定位达到舒适度最大值可以用身高（h）/4+（8～9cm）估算。

（2）当袋深尺寸超过手长尺寸1～2cm时，不管手长为多长，均感觉舒适和满意，但在上装实际应用时还需考虑款式风格和制作工艺的需要，针对具体情况作出不同的设计尺寸。

（3）袋口宽度的最佳尺寸可用手掌围度/2+（4～5cm）估算。

（4）口袋位置比较靠上时，舒适度随着口袋倾斜度的增加而增加。但是，随着口袋位置的下移，舒适度与口袋倾斜度之间的这种关系不再存在，反而存在相反的变化趋势，在一定范围内，当口袋倾斜度增大时，袋位上移可以增加着装的舒适度。

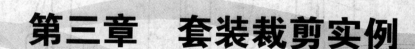

第三章　套装裁剪实例

第一节　经典套装裁剪实例

一、西服套装

（一）西服概述

严格来讲，西服泛指西式上装，包括日常穿着的夹克、西装等。其一般的形式是：长度在腰围线以下，通常盖住臀部，有袖子，通过前开口穿脱。西式上装的款式各种各样，可与裙子或裤子组合穿用。如果上下装使用相同的面料，称为suit（套装），否则称为separated suit（分离式套装）。女性套装本身起源于男西服。男装中的西服、西服背心和裤子组成的三件套或西服和裤子组成的两件套均称为套装。女装同样以西服和裙子或裤子搭配，构成代表性的套装。所以在我们普通称谓中，女西装等同于女西服，特指按男装缝制、右前门压左前门的女西服。

1. 西服的部位名称
西服的部位名称如图3-1所示。
2. 西服里子的式样
根据穿着季节和面料的特性，西服的里子可选择以下几种式样：全衬里；前身整里、后身半衬里；前后身半衬里；前身无里、后身半衬里；无衬里等。
3. 西服领的式样
西服领的式样在很大程度上影响西服的款式。最常见的西服领有四种，如图3-2所示。
4. 西服领的采寸
西服领的采寸直接关系到西服给人的第一印象，至关重要。"平衡"、"比例"等设计原则同样适用于领子的设计，设计师可在美观的大前提下，根据流行趋势改变翻折点位置、驳头宽、驳嘴宽、前领宽、后翻领宽和后底领宽。但基本规律不能改变，如图3-3所示。

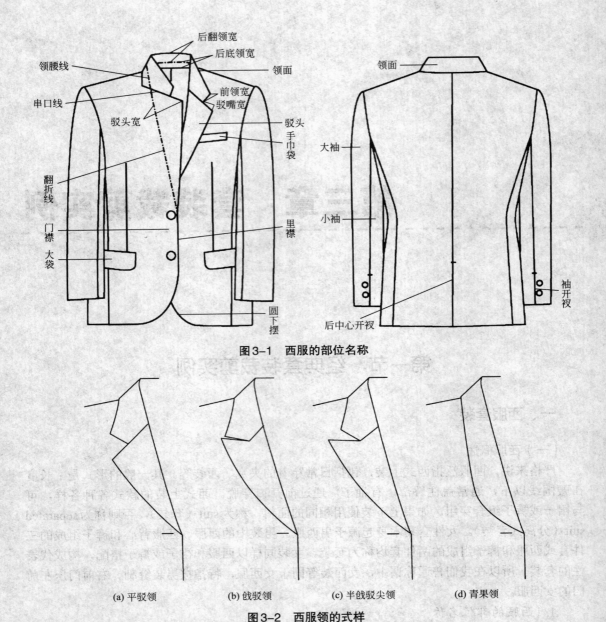

图3-1 西服的部位名称

图3-2 西服领的式样

(a) 平驳领　　　(b) 戗驳领　　　(c) 半戗驳尖领　　　(d) 青果领

（1）第一扣位平齐或略低于翻折点位置。扣子之间的间距一般为8～10cm，男西服的扣子间距稍大，为9～12cm。两粒扣的翻折点位于腰围线附近。

（2）一般领型，后底领宽2.5～3cm，后翻领宽大于后底领宽1cm左右，倒伏量2～3cm，以保证后翻领盖住领子与后衣片的接口线。前肩线延长量采寸规律为0.8×后底领宽。

（3）随着第一扣位的上移，即翻折点位置的上移，为了保证翻领效果，要增大倒伏量。

（4）大翻驳领的后翻领宽可根据设计效果加大，但后底领宽应始终保持在2.5～3cm，以贴合人体颈部。当后翻领宽比后底领宽大很多时，必须增大倒伏量来保证翻领效果。

（5）驳嘴宽一般等于或略大于前领宽，平驳领二者之间的夹角略小于直角。戗驳领的两个领嘴之间是小锐角，其戗驳领尖不宜过长。

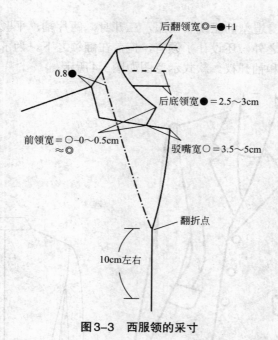

图3-3　西服领的采寸

5. 西服口袋

口袋是缝在衣服上用来盛放小物品的零部件，西服口袋一般设置在胸部或腹部外侧。胸袋有时只设在左胸，侧袋多为两侧对称。女装口袋有实用的一面，同时也有很重要的装饰作用。可以说口袋是服装设计上的重要因素，其构造可以分为以下三种。

（1）贴袋　钉在衣片外侧的口袋。

（2）摆缝袋　在缝份处设置的口袋。

（3）挖口袋　在衣片上剪开口制作的口袋（单开线口袋、双开线口袋、带盖开线口袋等）。

6. 西服的松量设计

普通女西服的长度加放参考如下。

（1）衣长=坐姿颈椎点高+2～4cm 或衣长=号×40%+4cm。

（2）袖长=全臂长+4～7cm 或袖长=号×30%+6～9cm。

（3）胸围=型+12～18cm。

（4）肩宽=总肩宽+1～2cm。

（5）领大=颈围+2～3cm。

（二）西服制图

1. 单排扣平驳领西服

此例原型采寸：B=84cm，背长=38cm，腰长=18cm，成品规格（领大是裁剪后实量尺寸）见表3-1。

表3-1　单排扣平驳领西服成衣规格　　　　　　　　　　　　　　　单位：cm

号/型	尺寸				
	衣长	胸围 B'	袖长	袖口	肩宽
160/84A	64	B+16=100	56	掌围+6=26	41

此例西服属于半紧身造型的正统女西服，三开身，两片袖，平驳领，圆下摆。为了使服装合身，前片除了腰省之外，还设计了领省，掩盖在翻领之下。为了增加女性温柔特征，没有采用男西服的手巾袋和袖开衩。款式示意图如图3-4所示。

图3-4　单排扣平驳领西服款式示意图

绘制要点如下。

（1）按腰围线摆放前后身原型，胸围间距4cm，其中3cm将成为胸围的追加松量。前片原型距侧颈点3cm处画出肩省位置（并非最终省位），按住BP点旋转前片原型，展开肩省2cm。为了绘制领子，暂时不能把省开至领窝处，仅画好领省的位置即可。

（2）领窝和肩部追加松量。肩宽用成品规格进行计算。袖窿深以后片为基准追加1.5cm。前中心追加0.5cm作为面料的厚度量，但并不计入成品规格。此例的三开身绘制方法是非常典型的，适用于其他各种款型的西服。

（3）绘制领子时，初学者可在翻折线的左侧直观地模拟成衣领子的效果，形成美好的形态后，镜像到翻折线右侧。倒伏量3cm，后底领宽3cm，后翻领宽4cm，翻领与驳领的夹角略小于直角。

（4）两片袖的绘制方法有两种。袖山高按$AH/3+0.5$cm设置，也可直接在16～18cm之间进行选择。将前袖片的3.5cm转移至后袖片，在后袖肥的1/2向左1cm处画垂线，作为大小袖的分界线。

（5）如果采用比例法绘制，袖子和领子的绘制过程相同，前后衣身的绘制需要牢记大量公式，比原型法略显复杂。需要注意的是，比例法绘制西服时，必须提前设计成品领大（此例取40cm），而且衣长的测量起点与原型法不同，从侧颈点量至前衣片下摆。原型的借助方法如图3-5所示。衣身作图如图3-6所示。袖子作图如图3-7所示。

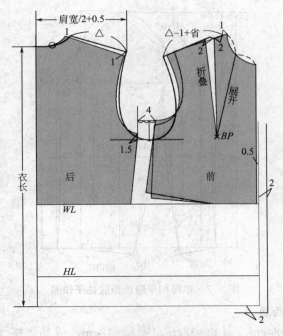

肩宽/2+0.5

△

△-1+省

1

1

2 2

折叠

展开

BP

1

1.5

后

前

衣长

4

0.5

2

WL

2

HL

2

图3-5　单排扣平驳领西服原型的借助方法

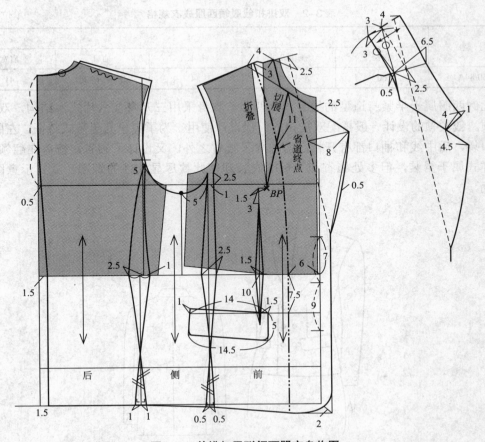

3 4

3 6.5

0.5 2.5

4 1

4.5

4

3

2.5

2.5

折叠

切展

11

省道终点

8

0.5

5

5 1

1.5

3

BP

0.5

2.5 1

2.5

1.5

6 7

1.5

10 1.5

7

1

14

7.5 9

5

14.5

后

侧

前

1.5

1 1

0.5 0.5

2

图3-6　单排扣平驳领西服衣身作图

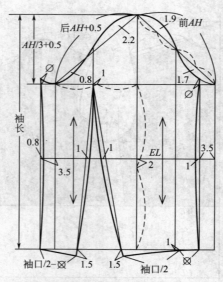

图3-7 单排扣平驳领西服袖子作图

2. 双排扣戗驳领西服

此例原型采寸：B=84cm，背长=38cm，腰长=18cm，成品规格（领大是裁剪后实量尺寸）见表3-2。

表3-2 双排扣戗驳领西服成衣规格　　　　　　　　　　　　　　　单位：cm

号/型	尺寸				
	衣长	胸围B'	袖长	袖口	肩宽
160/84A	60	B+16=100	54	掌围+6=26	41

此例西服属于半紧身造型的男装式女西服，衣身采用三开身（六片式）结构，双排扣，戗驳领。戗驳领的设计一般搭配双排扣的门襟设计使用。为了突出其男装式特征，左胸设计有手巾袋，后中线和袖口都有开衩。前片除了腰省之外，又设计了领省，掩盖在翻领之下。虽然样式属于男装，但多处施省和变短的衣长却使此款尽显女性的婀娜。款式示意图如图3-8所示。

图3-8 双排扣戗驳领西服款式示意图

绘制要点如下。

（1）按腰围线摆放前后身原型，前中心追加0.5cm作为面料的厚度量，但并不计入成品规格。前片胸围追加2.5cm，后片胸围追加1.5cm，去除前片与侧片之间所占用的1cm，胸围的总松量设计为16cm。前后袖窿深各追加1.5cm。测量前后袖窿深，作为袖子绘制的依据。

（2）将乳突补充量"◎"作为腋下省（并非最终省位）的省量，使前后侧缝等长。前后片各切掉一部分组合成侧片。

（3）领子倒伏量3cm，后底领宽3cm，后翻领宽3.5cm，驳头为尖锐角。

（4）袖山高按5/6袖窿深设置。将前后袖肥分别二等分，作为大小袖的基础。在前袖片处将小袖的3cm转移至大袖，即大小袖进行了3cm的互借，在大小上区别开来。画出符合人体手臂形状的前偏袖线，根据袖口尺寸确定后偏袖线的终点，画好后偏袖线。在后袖片上端大小袖进行2cm的互借。衣身作图如图3-9所示。袖子作图如图3-10所示。

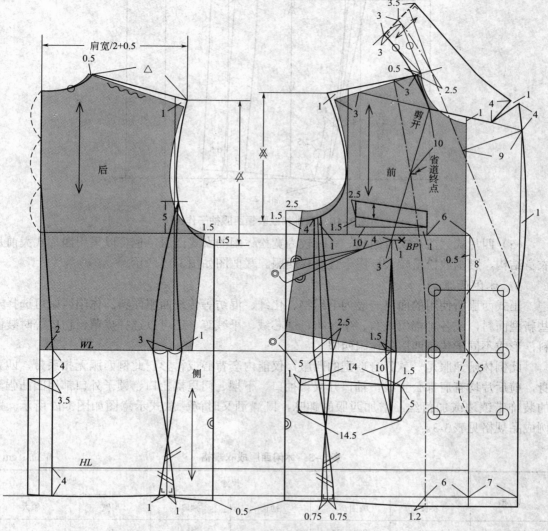

图3-9　双排扣戗驳领西服衣身作图

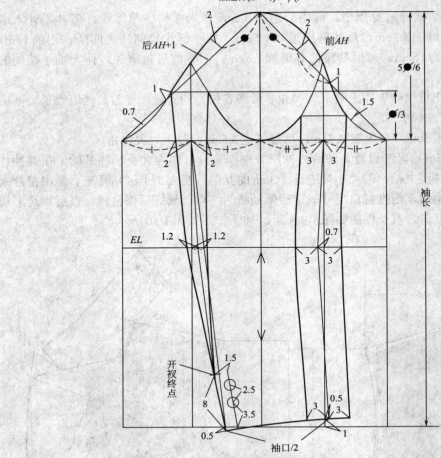

图3-10　双排扣戗驳领西服袖子作图

（5）四片式大前片衣身结构。有时较为宽松休闲的女式西服，也可以采用四片式大前片衣身结构，腰围放松量较大，属于直身式西服。裁剪图如图3-11所示。

3. 休闲西服

正式西服所使用的面料一般为毛织物、化纤、混纺等传统西服面料。休闲西服可选择一些新型面料，或各种棉质帆布、牛津布、灯芯绒、平绒等；还可以选择皮革、仿皮等时装面料，形成不同于传统西服的休闲西服。

此例休闲西服是一款紧身造型的西服，仅能内套背心或衬衫。此例西服无扣系带，四开身，前后片均有肩部公主线，袖口开衩。袖口、下摆、门里襟止口、领子外口都用凹凸强烈的装饰带镶边或加蕾丝，增加西服的趣味，既潇洒又时尚。款式示意图如图3-12所示。此例成品规格见表3-3。

表3-3　休闲西服成衣规格　　　　　　　　　　　　　　　　　　单位：cm

号/型	尺寸					
	衣长	胸围B'	袖长	袖口	肩宽	领大
160/84A	60	B+10=94	56	26	40	37

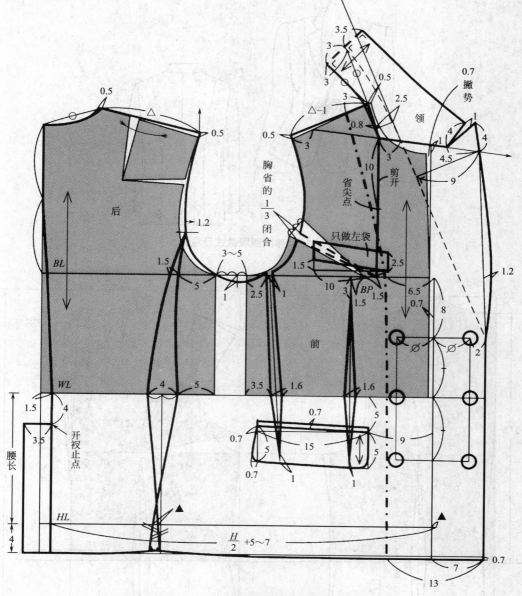

图3-11　双排扣戗驳领西服裁剪图

绘制要点如下。

（1）前片进行了撇胸设计，撇胸量1cm。撇胸的存在影响了前片的领宽、肩宽和胸宽。绘制后衣片的基型，前衣片比后衣片低0.7cm放置，这种前后片位置关系在比例法中是比较常见的。

（2）背宽依据肩宽的一半来设定，由肩点向后中线2cm即为背宽线。胸宽比背宽小1.2cm，这种关系非常固定，与号型无关。

（3）前后片落肩用定寸法设计，这是比例法中常见的方法之一。当然也可以用肩斜角进行绘制。肩斜角是上平线与肩斜线的夹角。女子后肩斜角一般取18°，前肩斜角一般取22°，与此例符合。

图3-12 休闲西服款式示意图

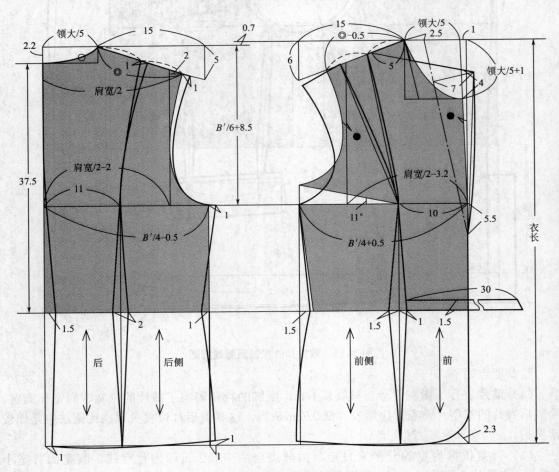

图3-13 休闲西服衣身作图

（4）前片原型设计了一个袖窿省，其位置非常巧妙，既不影响袖窿曲线，又不影响侧缝的长度。袖窿省夹角在10°左右，随着胸围的增大而增大。将袖窿省转移至肩部，与腰省连在一起，形成肩部公主线。

（5）领子在绘制结构图之前，直观地模拟了领子翻折后的成品形状，然后以翻折线为镜像线，对称地画在翻折线的右侧。倒伏量3cm，后底领宽3cm，后翻领宽4cm。

（6）袖子的绘制原理是固定不变的，变化的只是一些细节。衣身作图如图3-13所示。领子作图如图3-14所示。袖子作图如图3-15所示。

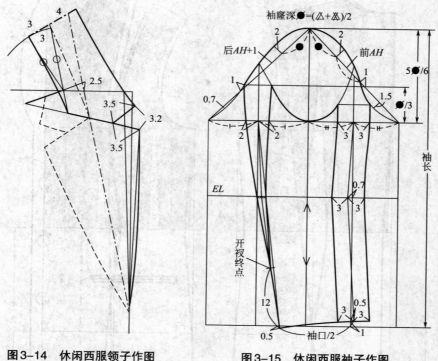

图3-14　休闲西服领子作图　　　　图3-15　休闲西服袖子作图

4. 青果领公主线套装

此款西服运用肩部公主线的分割方式进行衣身造型，衣身结构为四开身（八片式）结构，搭配简约的青果领设计，整体衣身线条流畅，款式造型在纵向上产生视觉的拉长效果，使身形视觉上显得修长。款式示意图如图3-16所示，衣身结构图如图3-17所示，袖子作图同上款两片袖制图。

图3-16　青果领公主线套装款式示意图

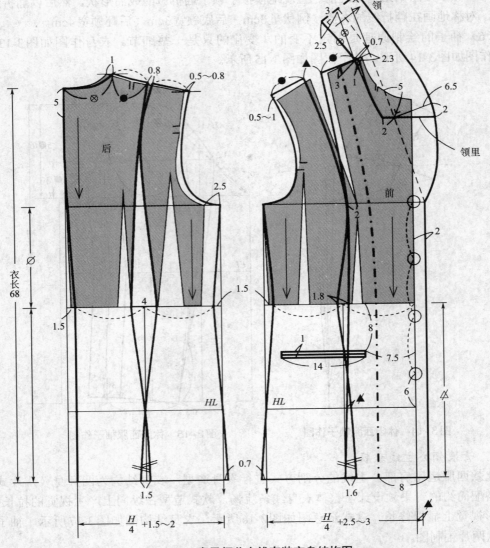

图3-17　青果领公主线套装衣身结构图

二、夹克衫套装

（一）夹克概述

夹克是"jacket"的音译词，泛指长度不超过臀围的短上衣。在我国的服装领域，夹克被约定俗成地定义为区别于西服、衬衫的休闲式外套。

1. 夹克的标志性元素

西服的标志性元素是西服领和繁复高档的制作工艺，背心的标志性元素是无袖，传统衬衫的标志性元素是衬衫领和袖口。同样，夹克也有其标志性元素，如铁扣、拉链、抽带、橡筋、罗纹等常用辅料，明袋、斜插袋、断缝等结构特点，棉布、皮革、牛津布等面料特征。

2. 女夹克松量设计

普通女夹克的长度和围度加放松量参考如下。

（1）衣长＝坐姿颈椎点高-4～8cm或衣长＝号×40%-6～10cm。

（2）袖长＝全臂长+3～7.5cm或袖长＝号×30%+5.5～10cm。

（3）袖口长＝掌围+3～5cm。

（4）胸围＝型+10～50cm。

（5）肩宽＝总肩宽+1.5～4cm。

（6）领大＝颈围+3～4cm。

（二）夹克衫式套装

断缝紧身夹克是非常紧身的时尚款式，连体企领，前身四条断缝，前门襟使用拉链。款式示意图如图3-18所示。此例成品规格见表3-4。

图3-18 夹克衫式套装款式示意图

表3-4 夹克衫式套装成衣规格

单位：cm

号/型	尺寸				
	衣长	胸围B'	袖长	袖口	肩宽
160/84A	54	$B+8=92$	56.5	24	40

绘制要点如下。

（1）将原型前后衣身的腰围线对齐摆放。在前领窝的1/3处画出新省位，按住BP点旋转原型使腰围线水平。

（2）将前腋点高于后腋点的部分作为腋下省，并且转移至断缝中。衣身及领子作图如图3-19所示，前侧片完成图如图3-20所示，袖子作图如图3-21所示。

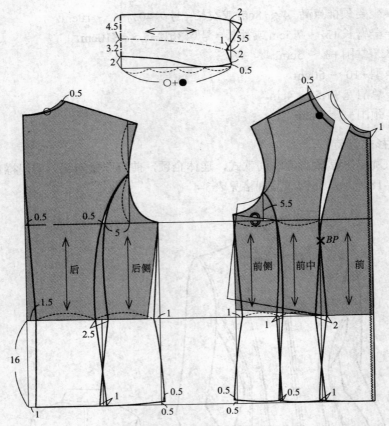

图3-19 夹克衫式套装衣身及领子作图

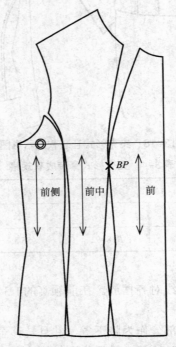

图3-20 夹克衫式套装前侧片完成图

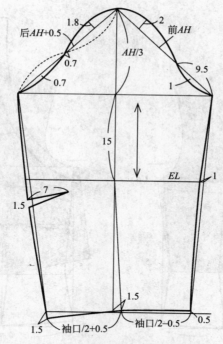

图3-21　夹克衫式套装袖子作图

第二节　时尚套装裁剪实例

一、夏季套装

（一）吊带上衣套装

　　吊带短上衣配穿长裙套装，是夏季最舒适的套装形式之一，款式示意图如图3-22所示，裁剪图如图3-23所示。

图3-22　吊带上衣套装款式示意图

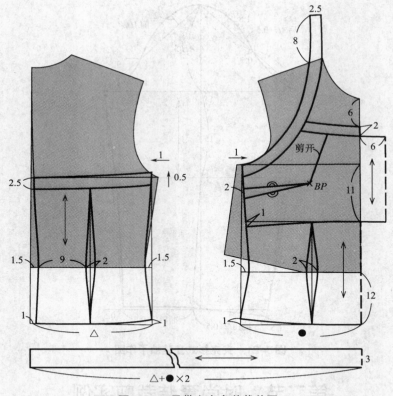

图3-23 吊带上衣套装裁剪图

（二）插肩袖无领上衣套装

插肩袖无领短上衣配穿长裙，是夏季最舒适的套装形式之一，款式示意图如图3-24所示，裁剪图如图3-25所示。

图3-24 插肩袖无领上衣套装款式示意图

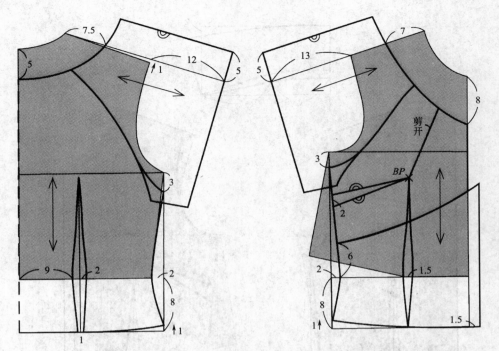

图3-25　插肩袖无领上衣套装裁剪图

（三）无袖翻领上衣套装

无袖翻领短上衣配穿短裙，是夏季最舒适的套装形式之一，款式示意图如图3-26所示，裁剪图如图3-27所示。

图3-26　无袖翻领上衣套装款式示意图

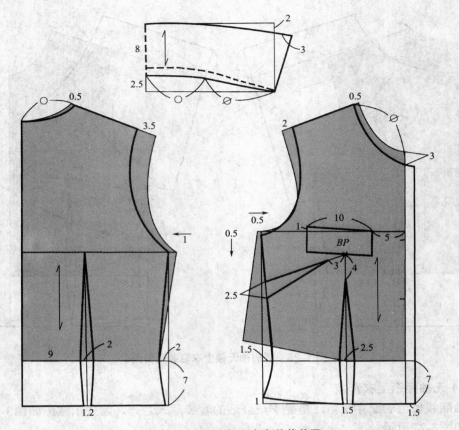

图3-27 无袖翻领上衣套装裁剪图

（四）机翼领无袖短上衣套装

机翼领无袖短上衣配穿长裤，是夏季最舒适的套装形式之一，款式示意图如图3-28所示，裁剪图如图3-29所示。

图3-28 机翼领无袖短上衣套装款式示意图

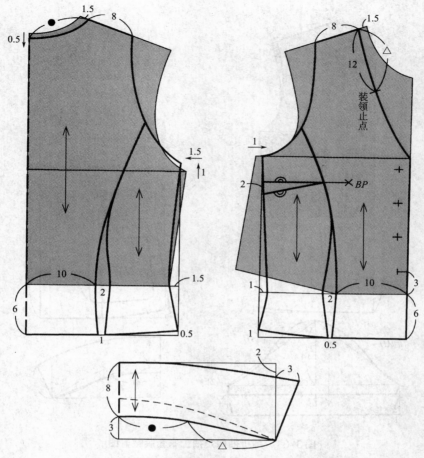

图3-29　机翼领无袖短上衣套装裁剪图

（五）翻折袖口短袖上衣套装

翻折袖口短袖上衣配穿短裙，是夏季最舒适的套装形式之一，款式示意图如图3-30所示，裁剪图如图3-31所示。

图3-30　翻折袖口短袖上衣套装款式示意图

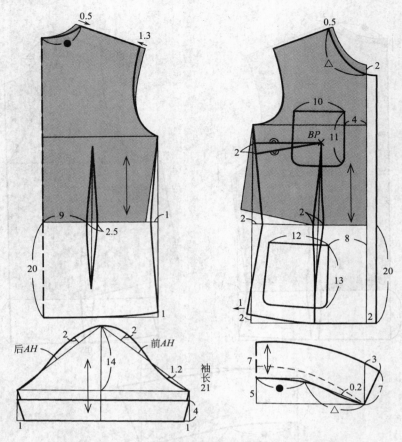

图3-31　翻折袖口短袖上衣套装裁剪图

（六）和服领剪接腰式短上衣套装

　　和服领剪接腰式短上衣配穿一步裙，是夏季最舒适的套装形式之一，款式示意图如图3-32所示，裁剪图如图3-33所示。

图3-32　和服领剪接腰式短上衣套装款式示意图

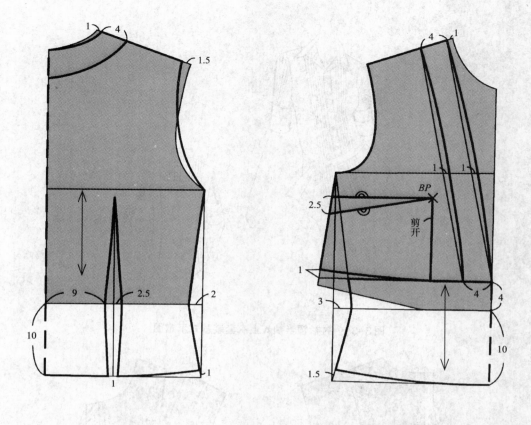

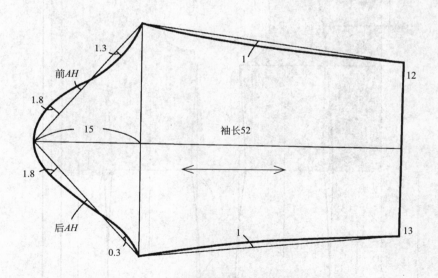

图3-33　和服领剪接腰式短上衣套装裁剪图

（七）衬衫领半袖长上衣套装

衬衫领半袖长上衣配穿短款褶裙，是夏季最舒适的套装形式之一，款式示意图如图3-34所示，衣身裁剪图如图3-35所示，衣身细褶设计图如图3-36所示，衣袖及衣领裁剪图如图3-37所示。

图3-34 衬衫领半袖长上衣套装款式示意图

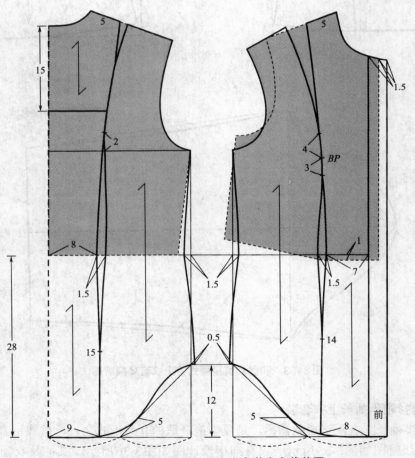

图3-35 衬衫领半袖长上衣套装衣身裁剪图

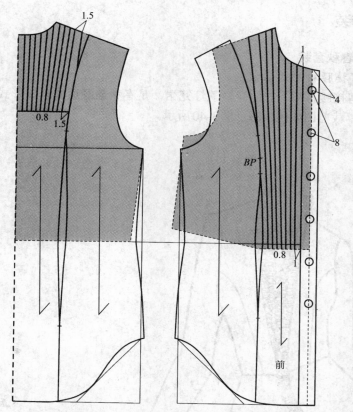

图3-36 衬衫领半袖长上衣套装衣身细褶设计图

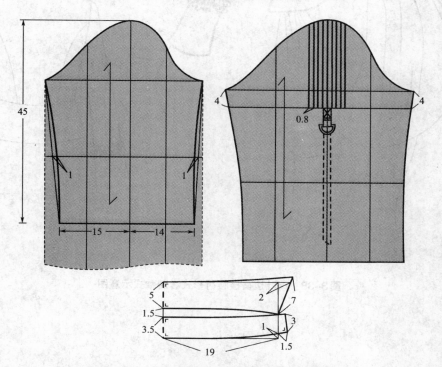

图3-37 衬衫领半袖长上衣套装衣袖及衣领裁剪图

二、春秋套装

（一）衬衫式春秋套装

1. 荷叶边剪接腰衬衫式套装

此款荷叶边剪接腰衬衫上衣配穿短款灯笼裙，是春秋最舒适的套装形式之一，款式示意图如图3-38所示，裁剪图如图3-39、图3-40所示。

图3-38　荷叶边剪接腰衬衫式套装款式示意图

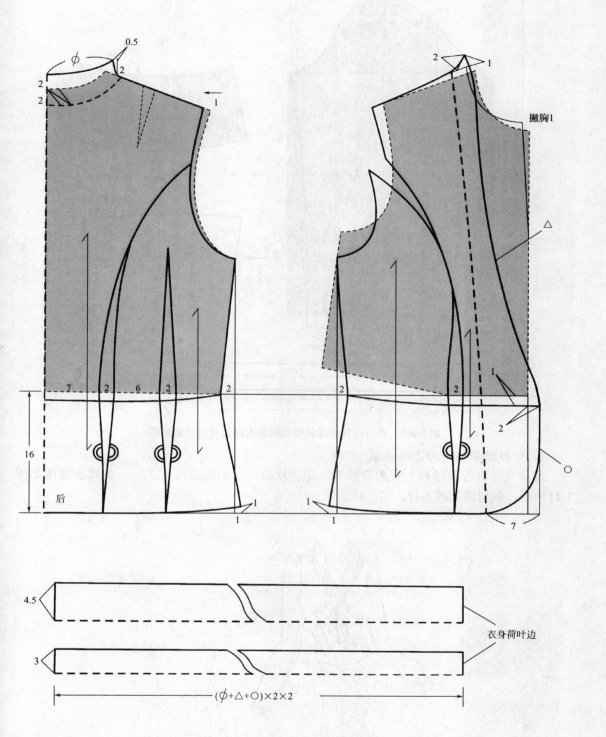

图3-39　荷叶边剪接腰衬衫式套装衣身及荷叶边裁剪图

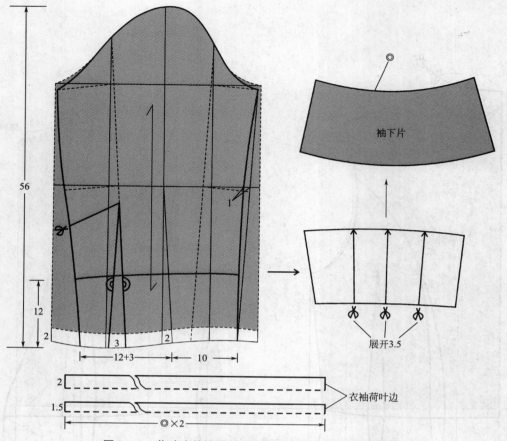

图3-40　荷叶边剪接腰衬衫式套装衣袖及荷叶边裁剪图

2.V形飘带领衬衫上衣套装

此款V形飘带领衬衫上衣配穿长裤，是春秋最舒适的套装形式之一，款式示意图如图3-41所示，裁剪图如图3-42、图3-43所示。

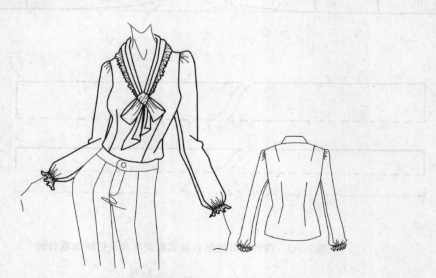

图3-41　V形飘带领衬衫上衣套装款式示意图

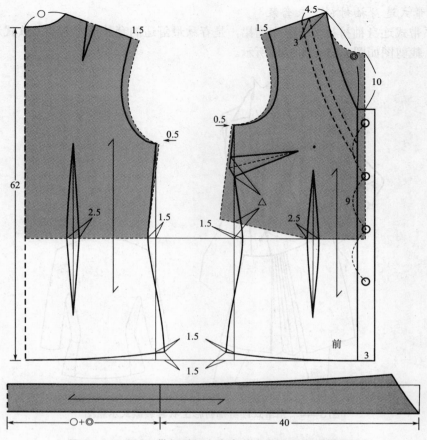

图3-42　V形飘带领衬衫上衣套装衣身及飘带领裁剪图

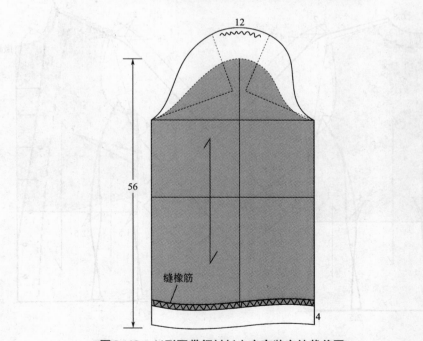

图3-43　V形飘带领衬衫上衣套装衣袖裁剪图

3. 系带式连身袖衬衫上衣套装

此款系带式连身袖衬衫上衣配穿褶裙,是春秋最舒适的套装形式之一,款式示意图如图3-44所示,裁剪图如图3-45、图3-46所示。

图3-44 系带式连身袖衬衫上衣套装款式示意图

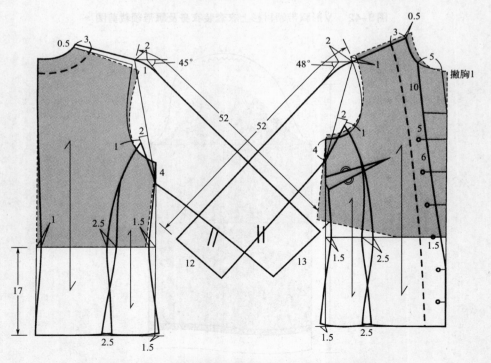

图3-45 系带式连身袖衬衫上衣套装衣身裁剪图

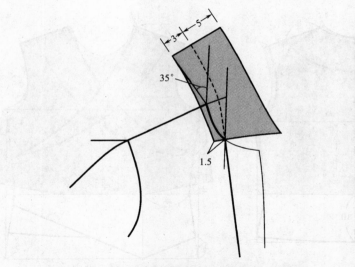

图3-46　系带式连身袖衬衫上衣套装衣领裁剪图

4. 平领斜襟式衬衫上衣套装

此款平领斜襟式衬衫上衣配穿斜摆加衩裙，是春秋最舒适的套装形式之一，款式示意图如图3-47所示，裁剪图如图3-48、图3-49所示。

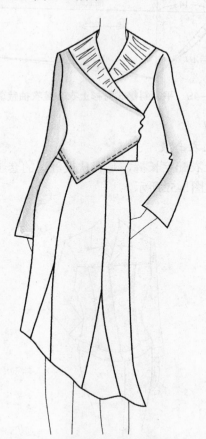

图3-47　平领斜襟式衬衫上衣套装款式示意图

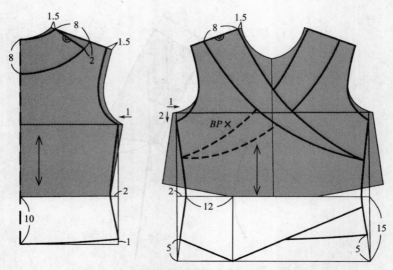

图3-48 平领斜襟式衬衫上衣套装衣身裁剪图

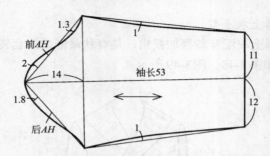

图3-49 平领斜襟式衬衫上衣套装衣袖裁剪图

（二）夹克式春秋套装

1. 小翻领育克夹克式上衣套装

此款小翻领育克夹克式上衣配穿长裤，是春秋最舒适的套装形式之一，款式示意图如图3-50所示，裁剪图如图3-51、图3-52所示。

图3-50 小翻领育克夹克式上衣套装款式示意图

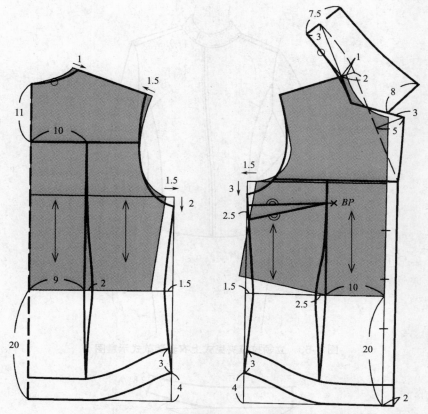

图3-51　小翻领育克夹克式上衣套装衣身裁剪图

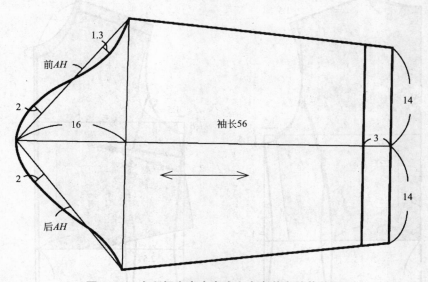

图3-52　小翻领育克夹克式上衣套装衣袖裁剪图

2.　立领拉链夹克式上衣套装

此款立领拉链夹克式上衣配穿长裤或裙装，是春秋最舒适的套装形式之一，款式示意图如图3-53所示，裁剪图如图3-54、图3-55所示。

图3-53　立领拉链夹克式上衣套装款式示意图

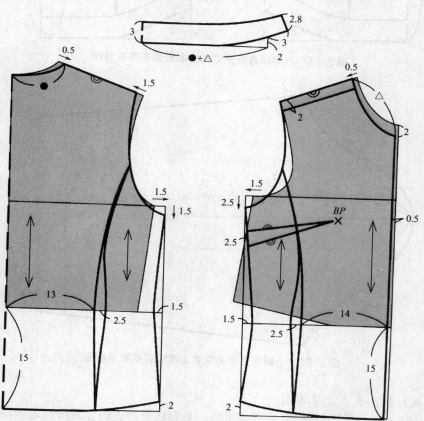

图3-54　立领拉链夹克式上衣套装衣身裁剪图

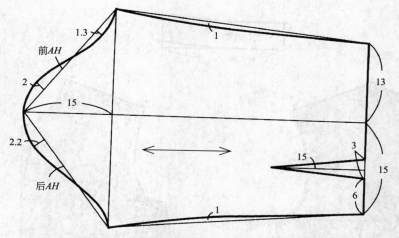

图3-55　立领拉链夹克式上衣套装衣袖裁剪图

3. 立领撇胸夹克式上衣套装

此款立领撇胸夹克式上衣配穿长裤或裙装，是春秋最舒适的套装形式之一，款式示意图如图3-56所示，裁剪图如图3-57、图3-58所示。

图3-56　立领撇胸夹克式上衣套装款式示意图

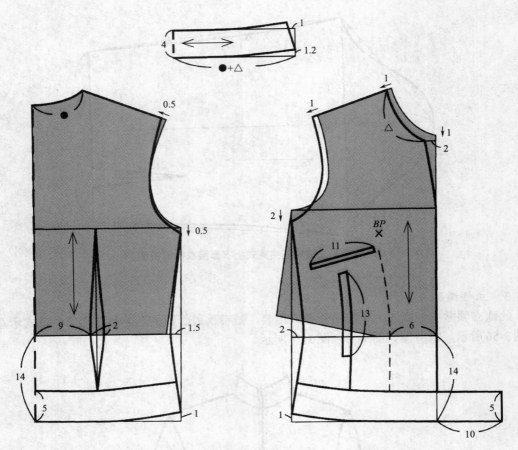

图3-57 立领撇胸夹克式上衣套装衣身裁剪图

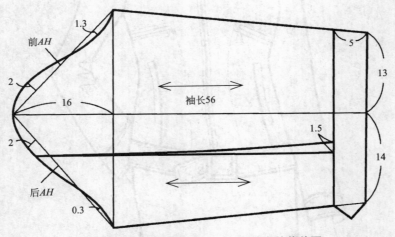

图3-58 立领撇胸夹克式上衣套装衣袖裁剪图

4. 登翻领短夹克上衣套装

此款登翻领短夹克上衣配穿长裤或裙装,是春秋最舒适的套装形式之一,款式示意图如图3-59所示,裁剪图如图3-60所示。

图3-59 登翻领短夹克上衣套装款式示意图

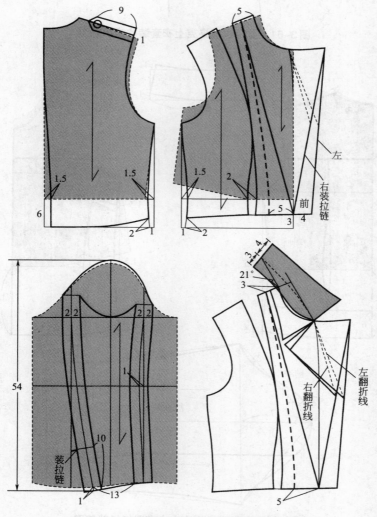

图3-60 登翻领短夹克上衣套装纸样裁剪图

5. 立领过肩夹克上衣套装

此款立领过肩夹克上衣配穿长裤或裙装，是春秋最舒适的套装形式之一，款式示意图如图3-61所示，裁剪图如图3-62所示。

图3-61　立领过肩夹克上衣套装款式示意图

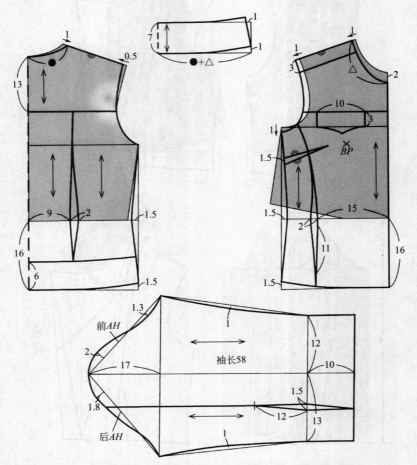

图3-62　立领过肩夹克上衣套装纸样裁剪图

6. 立驳领剪接腰式夹克上衣套装

此款立驳领剪接腰式夹克上衣配穿长裤或裙装，是春秋最舒适的套装形式之一，款式示意图如图3-63所示，裁剪图如图3-64、图3-65所示。

图3-63　立驳领剪接腰式夹克上衣套装款式示意图

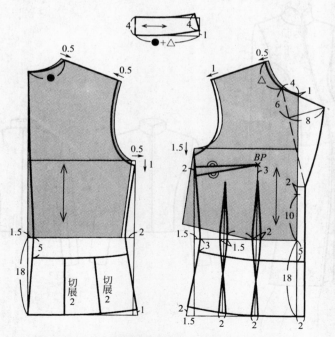

图3-64　立驳领剪接腰式夹克上衣套装衣身裁剪图

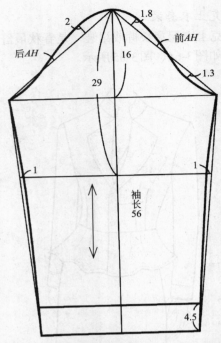

图3-65　立驳领剪接腰式夹克上衣套装衣袖裁剪图

7. 中式立领夹克上衣套装

此款中式立领夹克上衣配穿长裤或裙装，是春秋最舒适的套装形式之一，款式示意图如图3-66所示，裁剪图如图3-67～图3-69所示。

图3-66　中式立领夹克上衣套装款式示意图

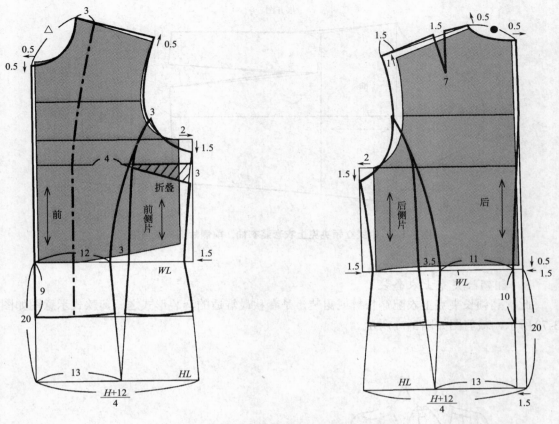

图3-67 中式立领夹克上衣套装衣身裁剪图

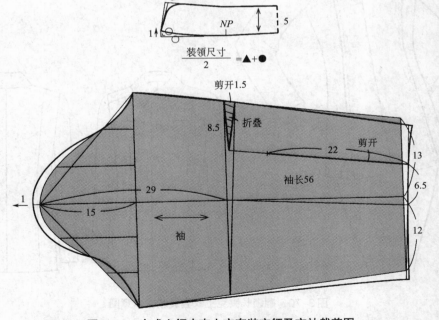

图3-68 中式立领夹克上衣套装衣领及衣袖裁剪图

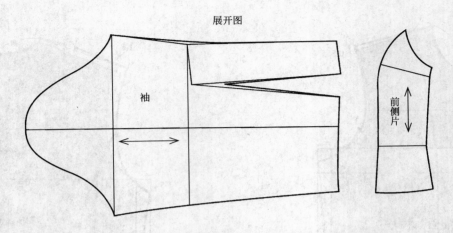

展开图

袖

前侧片

图3-69　中式立领夹克上衣套装衣袖、前侧片纸样裁剪图

8. 翻领长夹克上衣套装

此款翻领长夹克上衣配穿长裤或裙装，是春秋最舒适的套装形式之一，款式示意图如图3-70所示，裁剪图如图3-71所示。

图3-70　翻领长夹克上衣套装款式示意图

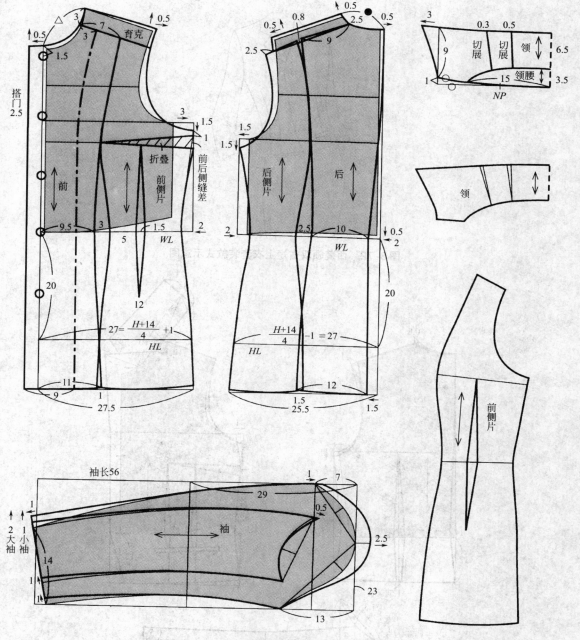

图3-71　翻领长夹克上衣套装纸样裁剪图

（三）西服类春秋套装

1. 西装领双省短上衣套装

此款西装领双省短上衣配穿长裤或裙装，是春秋最舒适的套装形式之一，款式示意图如图3-72所示，裁剪图如图3-73所示。

图3-72　西装领双省短上衣套装款式示意图

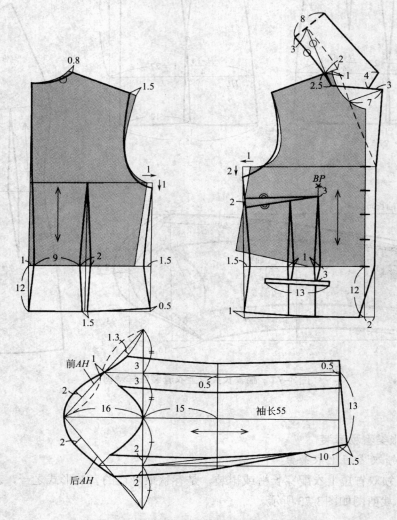

图3-73　西装领双省短上衣套装纸样裁剪图

2. 丝瓜领短上衣套装

此款丝瓜领短上衣配穿长裤或裙装，是春秋最舒适的套装形式之一，款式示意图如图3-74所示，裁剪图如图3-75所示。

图3-74　丝瓜领短上衣套装款式示意图

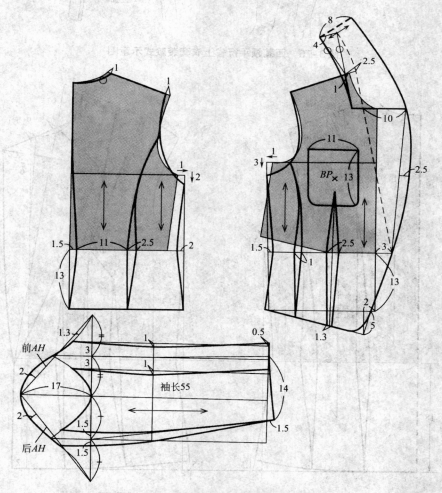

图3-75　丝瓜领短上衣套装纸样裁剪图

3. 西装领平行省上衣套装

此款西装领平行省上衣配穿长裤或裙装，是春秋最舒适的套装形式之一，款式示意图如图3-76所示，裁剪图如图3-77～图3-79所示。

图3-76　西装领平行省上衣套装款式示意图

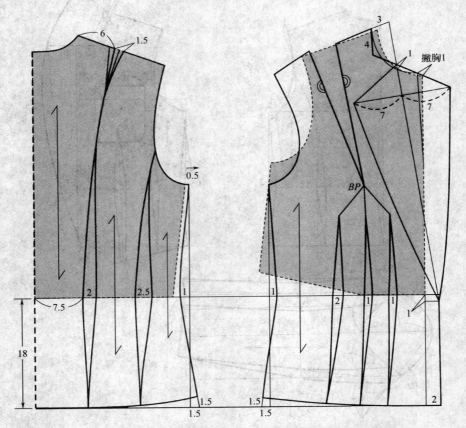

图3-77　西装领平行省上衣套装衣身裁剪图

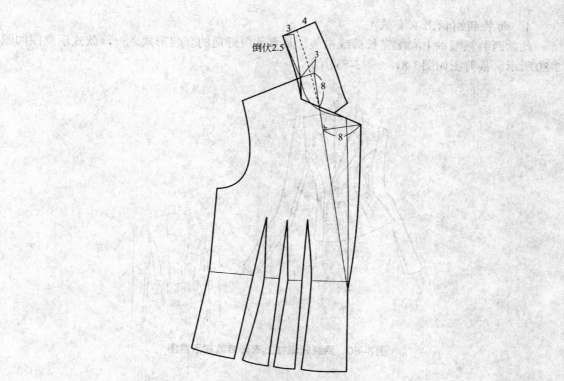

倒伏2.5

图3-78　西装领平行省上衣套装衣身展开图

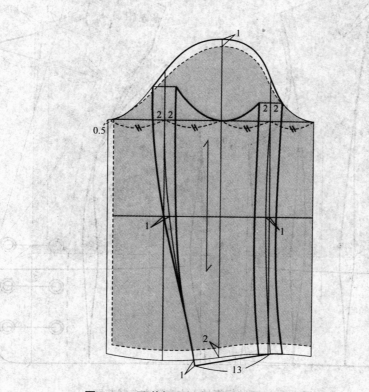

图3-79　西装领平行省上衣套装衣袖裁剪图

4. 西装领帽袖上衣套装

此款西装领帽袖上衣配穿长裤或裙装，是春秋最舒适的套装形式之一，款式示意图如图3-80所示，裁剪图如图3-81～图3-83所示。

图3-80　西装领帽袖上衣套装款式示意图

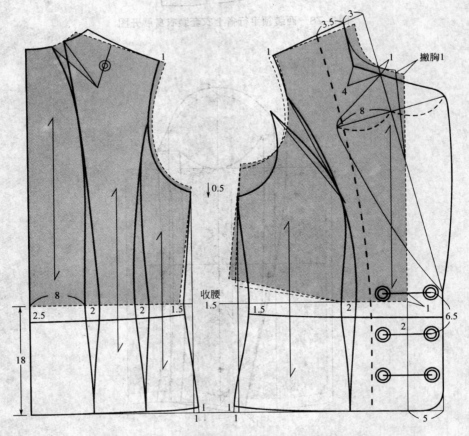

图3-81　西装领帽袖上衣套装衣身裁剪图

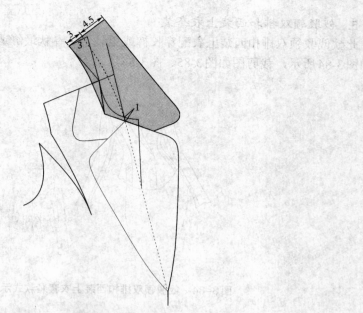

图3-82 西装领帽袖上衣套装衣领裁剪图

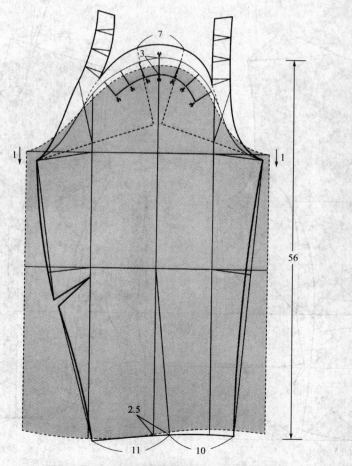

图3-83 西装领帽袖上衣套装衣袖裁剪图

5. 戗驳领双排扣西装上衣套装

此款戗驳领双排扣西装上衣配穿长裤或裙装，是春秋最舒适的套装形式之一，款式示意图如图3-84所示，裁剪图如图3-85、图3-86所示。

图3-84　戗驳领双排扣西装上衣套装款式示意图

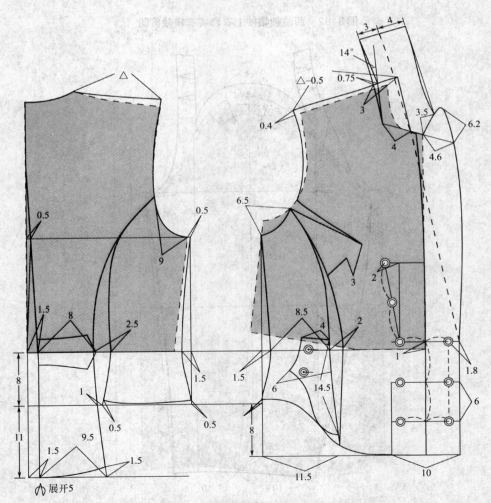

图3-85　戗驳领双排扣西装上衣套装衣身裁剪图

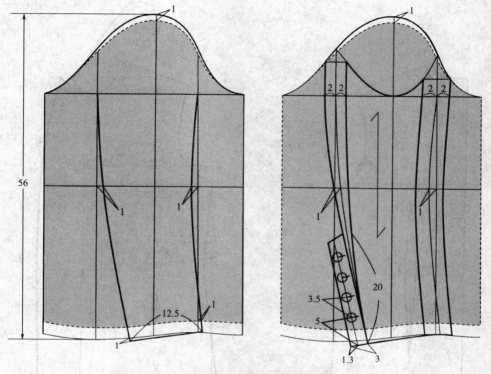

图3-86 戗驳领双排扣西装上衣套装衣袖裁剪图

6. 戗驳领双搭门长款西装上衣套装

此款戗驳领双搭门长款西装上衣配穿长裤或短裙，是春秋最舒适的套装形式之一，款式示意图如图3-87所示，裁剪图如图3-88所示。

图3-87 戗驳领双搭门长款西装上衣套装款式示意图

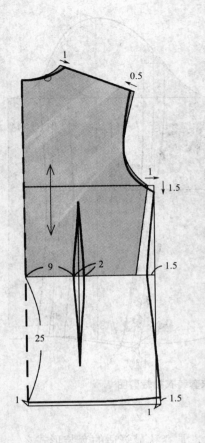

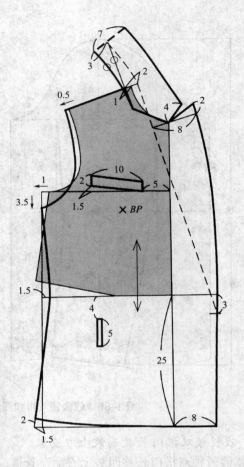

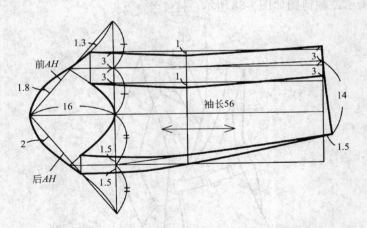

图3-88　戗驳领双搭门长款西装上衣套装裁剪图

（四）中式春秋套装

1. 中式对襟原身出立领上衣套装

此款中式对襟原身出立领上衣配穿长裤或裙子，是春秋最舒适的套装形式之一，款式示意图如图3-89所示，裁剪图如图3-90所示。

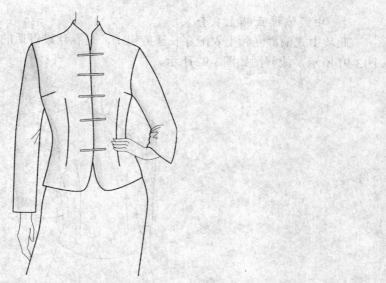

图3-89 中式对襟原身出立领上衣套装款式示意图

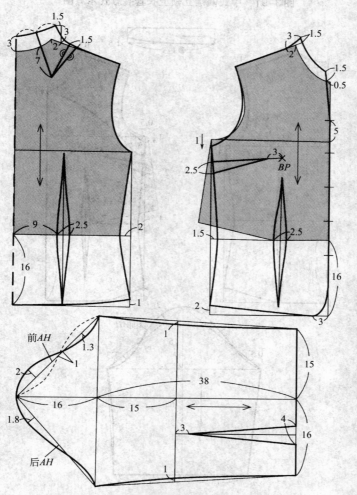

图3-90 中式对襟原身出立领上衣套装裁剪图

2. 中式偏襟立领上衣套装

此款中式偏襟立领上衣配穿长裤或裙子，是春秋最舒适的套装形式之一，款式示意图如图3-91所示，裁剪图如图3-92所示。

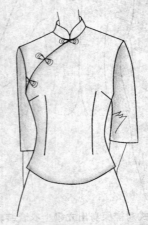

图3-91　中式偏襟立领上衣套装款式示意图

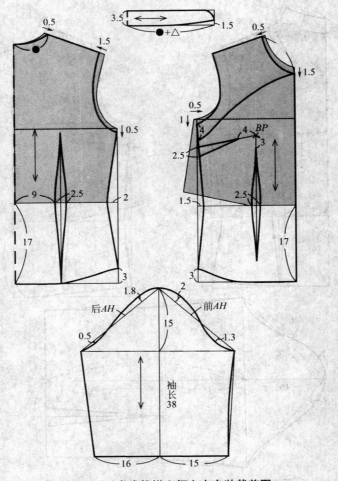

图3-92　中式偏襟立领上衣套装裁剪图

（五）外套类春秋套装

1. 和服领剪接腰式短上衣套装

此款为和服领剪接腰式短上衣配穿一步裙，也是春秋最舒适的套装形式之一，款式示意图如图3-93所示，裁剪图如图3-94所示。

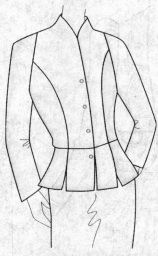

图3-93　和服领剪接腰式短上衣套装款式示意图

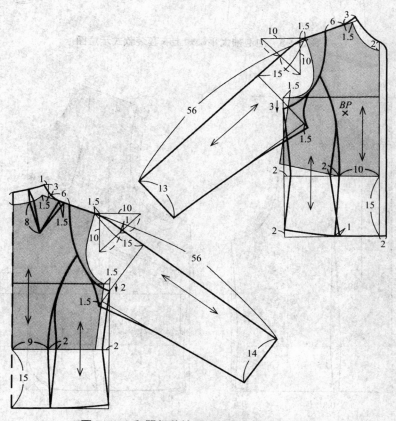

图3-94　和服领剪接腰式短上衣套装裁剪图

2. 泡泡袖大平领短上衣套装

此款为泡泡袖大平领短上衣配穿一步裙，也是春秋最舒适的套装形式之一，款式示意图如图3-95所示，裁剪图如图3-96～图3-98所示。

图3-95　泡泡袖大平领短上衣套装款式示意图

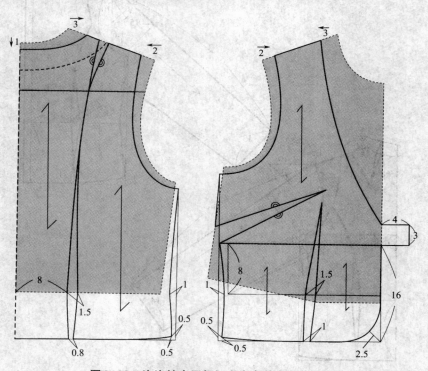

图3-96　泡泡袖大平领短上衣套装衣身裁剪图

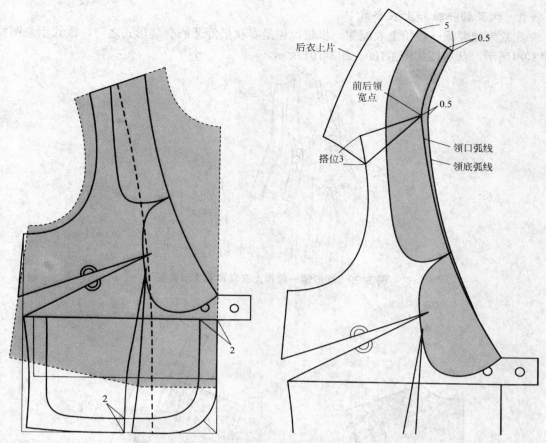

后衣上片

5

0.5

0.5

前后领宽点

领口弧线

领底弧线

搭位3

2

2

图3-97　泡泡袖大平领短上衣套装衣领裁剪图

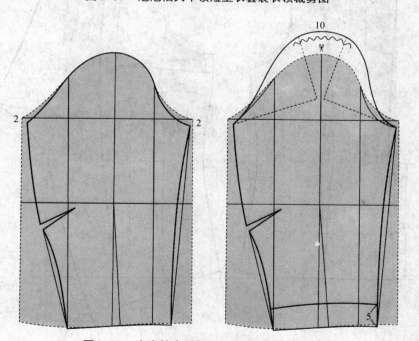

10

2　　　　2

5

图3-98　泡泡袖大平领短上衣套装衣袖裁剪图

3. 翻驳领一粒扣上衣套装

此款为翻驳领一粒扣上衣配穿一步裙，也是春秋最舒适的套装形式之一，款式示意图如图3-99所示，裁剪图如图3-100、图3-101所示。

图3-99　翻驳领一粒扣上衣套装款式示意图

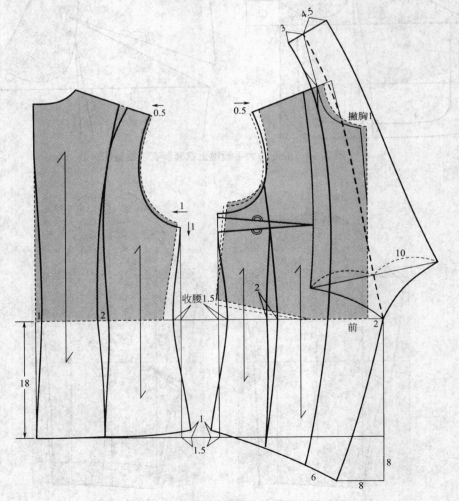

图3-100　翻驳领一粒扣上衣套装衣身裁剪图

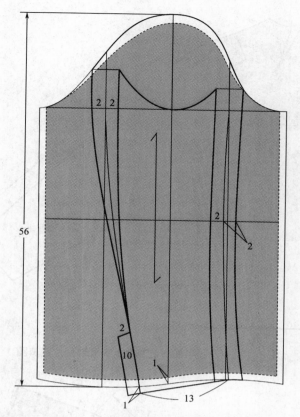

图3-101 翻驳领一粒扣上衣套装衣袖裁剪图

4. 无领半插肩泡泡袖上衣套装

此款为无领半插肩泡泡袖上衣配穿一步裙，也是春秋最舒适的套装形式之一，款式示意图如图3-102所示，裁剪图如图3-103～图3-105所示。

图3-102 无领半插肩泡泡袖上衣套装款式示意图

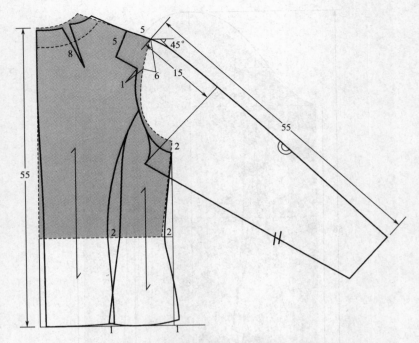

图3-103　无领半插肩泡泡袖上衣套装后片裁剪图

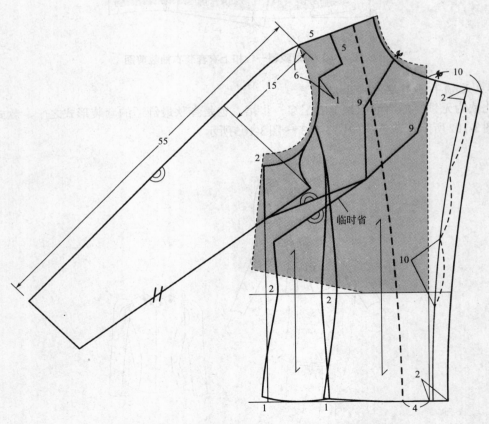

图3-104　无领半插肩泡泡袖上衣套装前片裁剪图

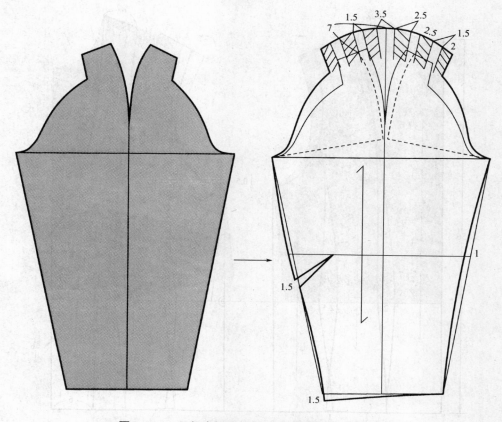

图3-105　无领半插肩泡泡袖上衣套装衣袖裁剪图

5. 青果领泡泡袖上衣套装

此款为青果领泡泡袖上衣配穿一步裙，也是春秋最舒适的套装形式之一，款式示意图如图3-106所示，裁剪图如图3-107～图3-109所示。

图3-106　青果领泡泡袖上衣套装款式示意图

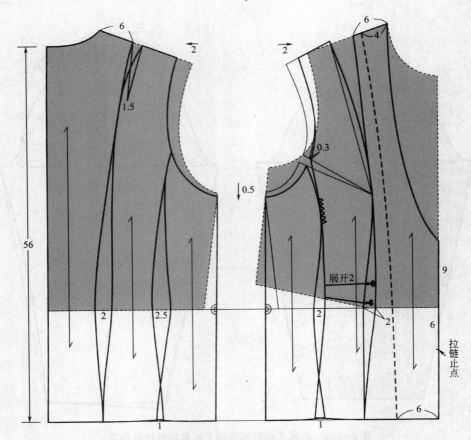

图3-107　青果领泡泡袖上衣套装衣身裁剪图

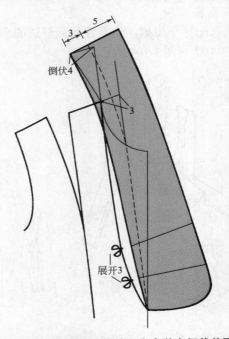

图3-108　青果领泡泡袖上衣套装衣领裁剪图

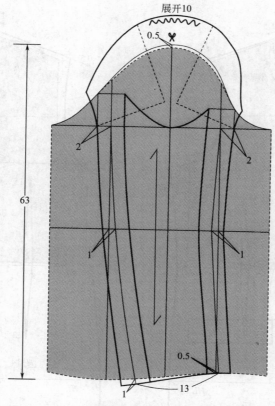

图3-109　青果领泡泡袖上衣套装衣袖裁剪图

6. 无领滚边夏奈尔式上衣套装

此款为无领滚边夏奈尔式上衣配穿一步裙，也是春秋最舒适的套装形式之一，款式示意图如图3-110所示，裁剪图如图3-111所示。

图3-110　无领滚边夏奈尔式上衣套装款式示意图

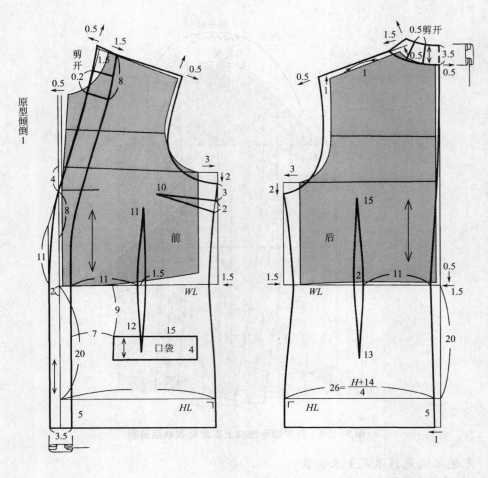

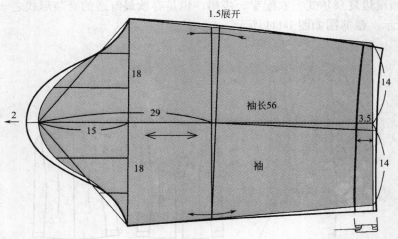

图3-111　无领滚边夏奈尔式上衣套装裁剪图

7. 平领连身袖上衣套装

此款为平领连身袖上衣配穿一步裙，也是春秋最舒适的套装形式之一，款式示意图如图3-112所示，裁剪图如图3-113所示。

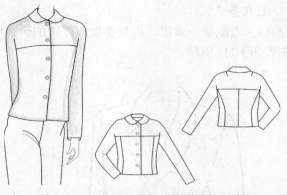

图3-112 平领连身袖上衣套装款式示意图

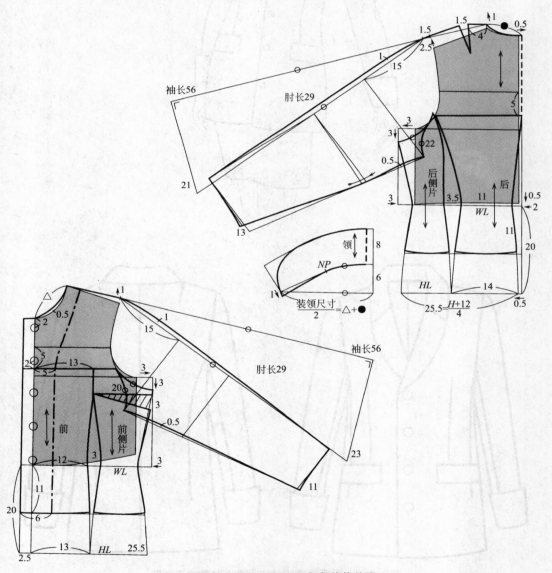

袖长56
肘长29
15
1.5
1.5
2.5
1
4
0.5
5
22
后侧片
后
3.5
11
WL
11
0.5
2
20
21
13
3
3
3
0.5
3

领
8
NP
6
装领尺寸 = △ + ●
2
1

HL
25.5
H+12
4
14
0.5

1
0.5
2
5
2
5
13
15
1
1
15
前
前侧片
20
3
3
3
0.5
袖长56
肘长29
23
12
3
WL
3
11
11
20
11
6
13
HL
25.5
2.5

图3-113 平领连身袖上衣套装裁剪图

8. 青果领翻折袖口上衣套装

此款为青果领翻折袖口上衣配穿一步裙，也是春秋最舒适的套装形式之一，款式示意图如图3-114所示，裁剪图如图3-115所示。

图3-114　青果领翻折袖口上衣套装款式示意图

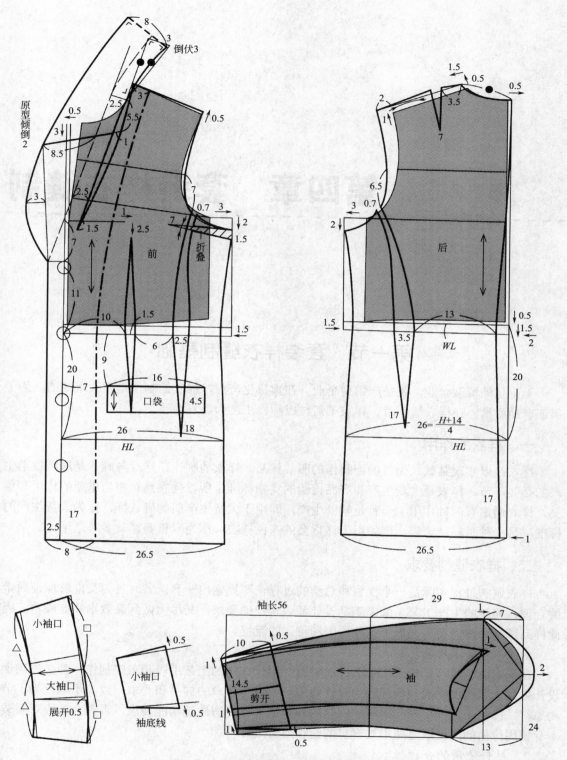

图3-115 青果领翻折袖口上衣套装裁剪图

第四章　套装样衣缝制

第一节　套装样衣缝制基础

无论是外贸型企业，还是产销型企业，在大货生产前，样衣的制作是至关重要的。为了保证产品质量，在样衣缝制时，样衣工需与板师、工艺师反复沟通。

一、样衣的作用

样衣是以实现某款式为目的而制作的服装样品，样衣的制作、修改与确认是服装批量生产的必要环节，样衣是大货生产和产品检验的实物标准，所以样衣具有相当重要的作用和意义。样衣通常有两种作用：一种是辅助生产，即用于大货生产前的确认样，作为大货生产的标准；另一种是辅助销售，例如用于订货会的齐色样衣，作为零售商订货参考之用。

二、样衣缝制要求

样衣试制过程实际是一个探索和总结的过程，即摸索出一套既省时省力又能够保证质量的合理、科学的生产工艺；既能满足设计师或客户的要求，又尽力做到高效率和低成本，因此样品试制通常需要掌握以下几项原则和特定的流程。

1. 确保设计效果

在样衣缝制时，无论采用什么样的材料，用什么样的工艺手段和工序制作，都必须确保设计效果，即确保样衣与设计师的设计效果一致或与客户的样品和要求一致。不可以为了节约原料、简化工艺和工序，而影响服装的外观造型和舒适性等功能要求，否则会造成对服装本身使用价值的降低或是通不过客户的验收而丢失订单。

2. 材料使用的合理性

服装面料及辅料的选用既影响服装的外观效果和舒适功能，又影响服装的价格，所以服装的每一个部位所使用的材料，都要做到"物尽其用"，而不是"可有可无"或者"大材小用"。既要兼顾其外观效果和舒适功能性，又要控制成本，要尽可能发挥材料使用的功能合理性和经济合理性。一个好的设计师、板师、样衣制作人员都必须有服装功能和成本两个基本概念，特别是产品开发、技术主管人员更要重视材料的合理使用原则。

3. 工艺设计的合理性

工艺设计的合理性主要包括两个方面的内容：一是样衣制作采用的工艺手段必须适合材料的本身特性，不能单纯为了追求高效率损害或影响材料的风格特性；二是在设计时要考虑加工操作的便利性，在不影响设计效果的前提下，"精简操作"和"缩短操作时间"，在工艺上坚持"求简不求繁"的原则。

4. 大货生产的可行性

样衣制作完成后，必须考虑其大货生产的可行性及工序编排的合理性。可以试做中样或大样，测试该产品生产的可行性。试中样，即裁制一打或数打样衣裁片，投放到生产工段中进行中批量试制，观察在批量生产中是否可行。对批量较大的产品可试大样，即在裁剪工序中裁制一次，可以几十件至几百件，按大货流水工序进行生产制作，观察和记录存在的问题，然后对样衣进行修正，最后经生产部门确认后再进行大货生产。在成衣生产过程中，工序的先后排列关系到生产效率的高低及生产的可行性。在试样过程中，工序的安排应该相对集中，必须使工序流程通畅，才能提高工作效率。

5. 保证质量可靠

样衣是大货生产的标准，是客户确认的依据。保证服装的品质是样衣试制工作的主要目的之一。样衣的质量包括外观质量和内在质量，这两项质量要求都必须按照行业有关规定和标准对照执行。

（1）外观质量　主要看样衣的外观效果，例如缝制的线迹是否漂亮，丝缕是否正确，对条对格是否合乎要求，有没有色差；拼接缝制是否合乎要求等技术项目是否符合标准。

（2）内在质量　需要从消费者角度考虑服装的使用寿命和功能价值，例如需要了解加工过程对面料、里料、辅料的强度和牢度有否损害，缝份强度是否符合要求，规格设置尺寸是否准确等技术要求。

6. 样衣制作要求

样衣的质量代表服装企业的最高制作水平，关乎订单有无问题，应格外引起企业的关注。样衣的制作水平很高，不仅能吸引客户，还能为大货的生产提供顺畅的工艺流程，缩短生产时间，降低生产难度和生产成本。样衣的制作要求如下。

（1）如果是外贸型企业，样衣要完全理解并体现客户的要求。如果是产销型企业，则样衣要体现出设计图的风格及款式要求。

（2）在与客户充分沟通的基础上，样衣要在客户要求的基础之上进行优化，使样衣更加合理美观。

（3）面料和辅料符合客户要求，并且确保大货生产过程中，面料和辅料的获取十分便利。

（4）制作精良，工艺先进。

（5）工艺相对简单，有利于大货生产。

（6）在保证质量的前提下，压缩时间成本和物料成本，从而降低整个生产成本。

三、样衣制作流程

样衣试制一般分为三个步骤：准备阶段、制作阶段及检验阶段，现详细总结如下。

（一）准备阶段

1. 资料准备

仔细阅读客户资料，了解基本情况有助于样板制作，从而制作出符合要求的样衣，也有助于安排生产进程，确保交货期。

（1）了解该款式以前是否生产过，是否有可以借鉴的资料，需要使用的专业设备有哪些，分析技术重点、难点，如刺绣、手绘等，特别是有无后整理的特殊要求，如水洗、做旧等。

（2）重点了解面、辅料来源，即材料是全部客供，还是全部自己购买，或是客供主料、自备辅料等。

（3）了解交货的国家、地区、交货期等，并且充分了解客户的要求，特别是客户的特殊要求等。

2. 面料准备

选择能表达款式或者符合客户要求的面、辅料，根据预算领料，从物料部门领取缝制样衣所需要的面、辅、衬等材料和其他辅料。对材料进行预缩水，使用缩布机对材料进行预缩整理，测算缩水率与缩缝量等，以备制板使用。

3. 样板准备

（1）绘制结构图　在绘制结构图之前，需要仔细分析款式图或来样，详细审核款式图或客户提供的样品，需着重分析服装的款式结构造型及合体程度等；分析该服装的廓型、轮廓线、结构线、零部件的形态及位置；分析款式图或来样的缝制方法及附件形式，确定工艺方式和需要的设备等。

① 确定样衣规格。样衣一般选择中间号型，同时根据款式图或按客户的需要，确定服装的总体规格和细部尺寸。

② 结构图设计。根据已经确定的款式、结构、规格，选择合适的结构设计方法（如原型法、基型法、立体裁剪法、比例法、实寸法等）进行结构设计。

（2）工业纸样绘制　在完成的结构图基础上，考虑缩水率、缩缝量、公差等进行分解纸样制作，然后进行工业纸样处理，如放缝、加贴边、做对位标记等。当纸样完成后，对重点部件如衣领、衣袖等部位，可先用试样白坯布进行立体制样，观察效果，然后做必要的纸样修正。

（二）制作阶段

1. 裁剪

样衣制作中首先要排料、划样，再进行裁剪。排料时应避免丝缕偏斜、色差或顺片；划样时注意线条要细顺且连续；裁剪布料时要注意避免上下层偏刀。

2. 样衣缝制

样衣制作首先要考虑缝制采用的设备和缝制方法，并且选择缝迹、缝型和熨烫方法，以确定最简单的加工顺序和合理的加工工艺。样衣缝制一般选择技术全面的工人来完成。样衣缝制的同时，要记录好缝制顺序、缝制时间、浮余时间、缝制方法和缝制设备等，为大生产的工序流程、设备编排做好准备。

3. 整烫

一般采用专业整烫设备，如蒸汽熨烫机，裤子、衣领、领窝、袖子等使用专门整烫机，

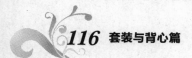

整烫时，要把握好整烫参数，如温度、时间、压力等，避免整烫不到位或过度整烫。

（三）检验阶段

1. 款式验收

检查样衣是否达到了款式图或客户来样要求的风格和效果。

2. 尺寸验收

检查样衣规格尺寸是否符合要求。从裁片到样衣的过程包括了裁剪、缝制、后整理等工序，样板的尺寸与样衣要求的尺寸不一定吻合，当两者出现差异时，需要修正样板并再次缝制样衣，直至样衣尺寸与要求的尺寸吻合为止。

3. 质量检验

检查其缝制工艺是否符合要求。服装品质优劣直接关系到其档次和市场竞争力，没有好的质量就不具备生存力。如今消费者对服装品质要求越来越高，而样衣的品质代表着大货的品质，所以对样衣品质的检验一定要专业认真。

四、西服缝制基础

以西服样衣缝制为例，概括总结如下。

（一）西服里子的式样

通常西服里子的式样有全衬里、前身整里后身半衬里、全身半衬里、后身半衬里四种，也有不使用里子的单层制作的西服。衬里式样的选择可以根据穿着季节和面料的性质来决定，如图4-1所示。

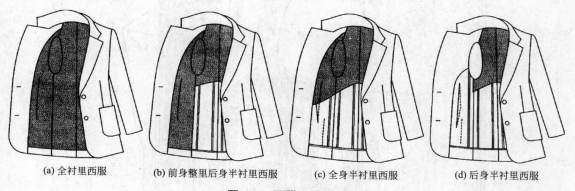

(a) 全衬里西服　　(b) 前身整里后身半衬里西服　　(c) 全身半衬里西服　　(d) 后身半衬里西服

图4-1　西服里子式样

（二）西服上衣面辅料估算

（1）面料　150cm幅宽，170cm；估算方法为：（衣长+缝份10cm）×2，需要对花对格时适量追加。

（2）里料　90cm幅宽，200cm；估算方法为：衣长×3。

（3）厚粘合衬　90cm幅宽，90cm（前身用），用于前衣片、领底、手巾袋的袋板。

（4）薄粘合衬　90cm幅宽，120cm（零部件用），用于侧片、过面、领面、后背、下摆、袖口、口袋盖以及领底和驳头的加强衬部位。

（5）粘接牵条　1.2cm宽直丝牵条，1.2cm宽6°斜丝牵条，0.6cm宽半斜丝牵条。

（6）垫肩　厚度1cm，缩袖用1副。

（7）袖棉条　1副。

（8）纽扣　直径2.5cm 2个（前叠门用）；直径1.5cm 4个（袖口开衩处用）。

（9）垫扣　2个。

（三）样板制作

样板是将作图的轮廓线拓在别的纸上，剪下来使用的纸型，或用CAD制图直接连接纸样切割机直接切出来的供裁剪面料使用的纸质裁片。

1．结构原理图

纸样结构原理图（图4-2、图4-3），其绘图原理参见第三章讲解。

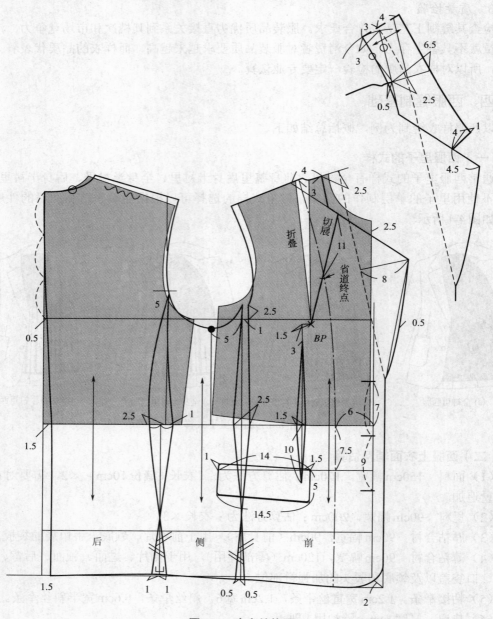

图4-2　衣身结构图

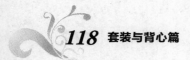

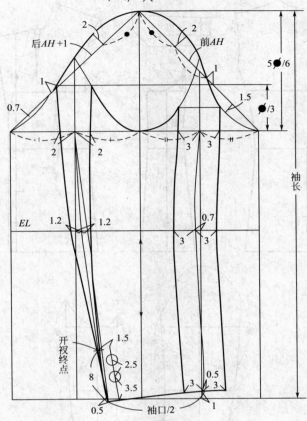

袖隆深 $\bullet = (\not\Delta + \not\times)/2$

后AH +1

前AH

5$\bullet$/6

1.5 $\bullet$/3

袖长

0.7

1

1

2 2

EL 1.2 1.2 0.7

3 3

开衩终点 1.5

2.5

8 3.5

3 3

0.5

3 3

0.5

1

0.5 袖口/2

图4-3　衣袖结构图

2. 净样板制作

从纸样结构原理图到纸样分解图，再到供裁剪面料需要的样板，需要完成以下多个步骤，分述如下。净样板如图4-4所示。

作图时重叠的部分，如前身侧颈点与领子、臀围线以下侧缝处的交叉部位、过面、口袋、大袖和小袖的重叠，首先分别正确画出分解纸样。

（1）结构原理图中（图4-3），大、小袖应重叠着画，把小袖的纸样翻过来与大袖的纸样很好地对应，注意检查前后袖缝大袖的长度与曲度的匹配关系。

（2）全部纸样画上对位记号和布丝方向，写上部件名称。另外，上下方向容易混同的纸样如翻领和袋口布等小部件要画出指向下方的标志线。

（3）过渡肩省的处理，合并肩省，转移到领口形成领口省，为了隐藏省缝，领口省的长度和方向要进行调整。

（4）做剪口与记号：前身纸样在省道、前中心线、驳口线、翻折点、绱领止点、口袋位置、过面位置等做上记号；过面的纸样要合并领口省，在绱领止点和驳口线位置做记号；领子的纸样在后中心线、翻领线、侧颈点的位置做记号；在大袖的袖山点、开衩止点、纽扣位置、小袖袖隆底的侧点做记号。

（5）口袋盖的位置：前片和侧片的腋下线对齐，在前中心线一侧口袋盖与衣身的经纱方向要一致，口袋盖的经纬纱线方向分别与衣身的前中心线和下摆线大致平行。

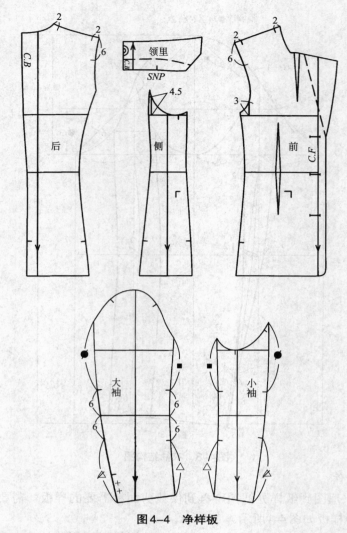

图4-4　净样板

（6）袖山剪口制作，如图4-5所示。

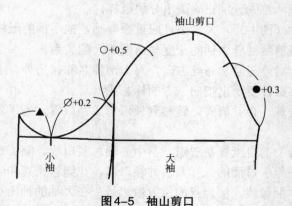

图4-5　袖山剪口

（7）缩缝量的分配，这个缩缝量的大小根据面料的不同缩缝量也不同，板师要自己灵活确定，如图4-6所示。

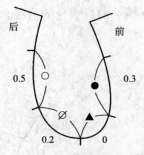

图4-6 缩缝量分配

3. 样板复核

（1）样板侧缝尺寸复核 衣身缝合侧缝位置的尺寸确认复核，如图4-7所示。

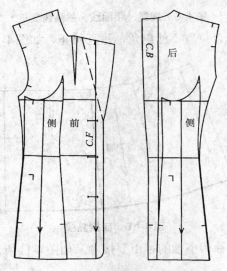

图4-7 样板侧缝尺寸复核

（2）样板侧缝形状复核 缝合位置的形状确认，如图4-8所示。

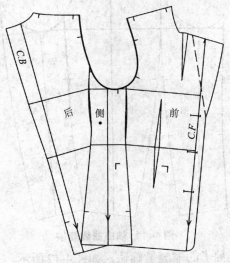

图4-8 样板侧缝形状复核

（3）肩线、领围线、袖窿线复核　前后衣身的肩线合并，加缩缝量的同时可看到领围线和袖窿线拼接，如图4-9所示。

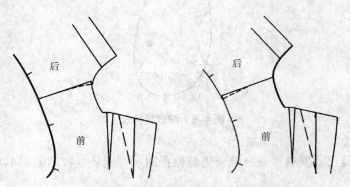

图4-9　肩线、领围线、袖窿线复核

（4）底摆复核　底边缝合位置不能出角，进行修正，如图4-10所示。

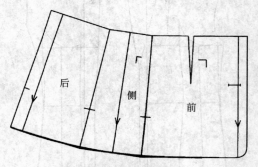

图4-10　底摆复核

（5）袖山曲线复核　大袖和小袖的袖山要接顺，如图4-11所示。

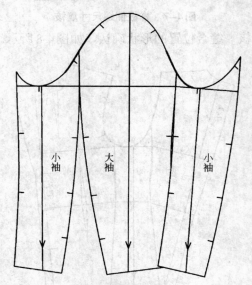

图4-11　袖山曲线复核

（6）袖子缩缝量复核　袖子的缩缝量确认，如图4-12所示。

（7）领子与领围复核　衣身的领围尺寸与领下口尺寸的确认，如图4-13所示。

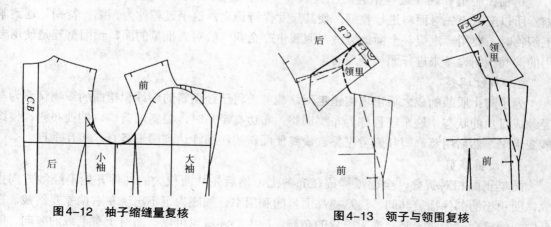

图4-12　袖子缩缝量复核　　　　　　图4-13　领子与领围复核

4. 样板放缝

放缝的方法是：单件样衣缝份的大小是假缝后用来补正的，为了对体型、设计的宽度和长度能够进行修正，必要的地方要多放点缝份。对于完成的缝迹线平行地作出相同宽度的缝份。缝始点与缝止点的缝份，根据延长的缝迹线，从样板上成钝角的一侧开始作出直角，如图4-14所示。

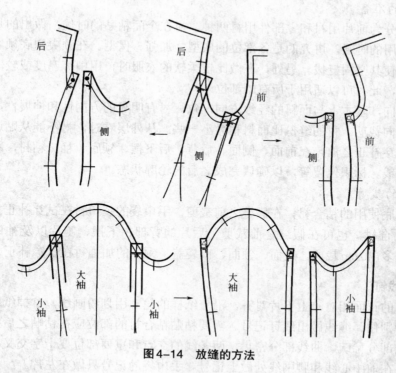

图4-14　放缝的方法

（四）面料的裁剪

面料在裁剪前要熨平，裁剪前熨烫面料是为了预缩和矫正布纹，但注意不能损坏面料原有的手感和材料的观感。

1. 面料预缩

织物在制造和翻卷过程中会产生拉长和变形,在服装制作中又往往因湿气或高温而回缩。所以应该事先对面料进行收缩,使其尺寸保持稳定,这个过程称为预缩。特别是遇到羊毛织物时,要用蒸汽熨斗全面地熨烫,服装生产企业一般对大批量的面料预缩整理是使用专用的湿润预缩设备来进行面料整理的。

2. 布纹调整

为了防止服装制成之后出现偏歪走形,裁剪前将已经歪斜的纬纱和弯曲的织物调整为与经纱成直角的状态,这个过程称为布纹调整。布边有牵吊时,要斜向剪口,抻拽布料,使纬纱变水平,然后用蒸汽熨斗熨烫平整。最终使面料的经纬纱达到横平竖直,相互垂直。

3. 面料裁剪

面料正面相对折叠,全部纸样描在布料上,然后先从面积大的部件开始沿经纱方向摆放,面积小的部件插放其间,注意提高面料的利用率。领底为了不出现左右偏差要斜裁,在后中心线缝合;但对于竖、横无差异的布料,后中心连裁也可以。而对于有毛绒的方向、阴阳格或花纹朝向的面料,要根据毛向、阴阳格的方向、花纹的朝向决定纸样的上下方向,要朝着相同的方向排列。特别要注意毛绒的倒顺色,即使无花纹的面料,也要查看光泽差异,确认是否会出现因反光不同而造成色差。

(五)衬料的裁剪

1. 衬料的准备

西服衬料分为前片用衬和零部件用衬两种。衬在全面粘贴的时候,做出的是衣服整体的造型;部分使用的时候,讲究的是各部位的成型、加强、保型。在领尖和底领上粘贴一层加强衬,是为了使其坚固挺拔。另外,在做比较柔软的衣服时,用中等厚度或较薄的衬,比较伏贴的复合衬,此衬可以适用于所有的部位。

衬料的纱向,基本上与面料的经纱方向一致。衬有明显的方向性和伸展性,要发挥其性能,利用其方向裁剪。衬的缝份比面料稍微小一些。从外层看时,衬不能从贴边和缝份边上显露出来。试穿补正之前,在前面、侧面、后背、后下摆、领底、袖口粘衬,粘衬之后要用净板画出净缝线、标识位置等,以确认完成之后的轮廓状态。

2. 衬料的裁剪

前片和领底使用的粘合衬,在假缝之前裁剪,手巾袋的袋口衬在试穿补正之后裁剪;零部件使用的粘合衬,也可在假缝之前裁剪;后片的背部、下摆、侧片以及袖口使用的粘合衬,比净缝线多出2cm裁剪。过面、领面、口袋盖、领子的加强衬在试穿补正之后裁剪。

(六)打线钉

把两片布的正面相对,上下片对齐,沿着纸样的轮廓用划粉画线,拿掉纸样,两层布不要错开,用针别住、绷线做出线钉记号。需要粘贴粘合衬的部位应在粘贴之后打线钉。线钉的间隔在直线部分稀疏、曲线部分密集,两条线的交点和重要部位要十字交叉。为了保证试穿的准确性,在前中心线和腰围线处做上记号。手巾袋的记号只做在左片。

(七)归拔整理

归拔整理是指利用面料的变形性能,用熨斗沿着布的斜丝方向拉伸,通过缩进归拢使纱线间距收缩,从而把平面的布料整理成适合于复杂的人体造型,将平面立体化的造型方法。

把各个部件的两片正面相对放好，喷上水，用熨斗分别在两面熨烫。要归拢并用熨斗的三角部位除去湿气，之后还要维持其形状。

（八）假缝

假缝是为了在正式缝合之前把握完成之后的状态而进行的临时性的对照缝合。假缝之后要试穿检查衣服的合身情况，检查内容包括粘合衬、缝合记号、立体感觉和试穿效果等。衣片的正面相对，缝合记号相符，用一根绷缝线大针距缝合。缝头倒向一边，从正面在外折痕的边上压缉一道线。这道压缉线的位置要准确，否则就不能确切地表现衣服的外形。缝份不要牵皱、线不要太紧。面料较厚容易错位的时候，在重点部位要回针缝。

（九）试穿补正

试穿补正的要点是：试穿应在与实际的着装状态相同的情况下进行，下身要穿着整齐，上身穿着衬衫或内衣等。合上前中心搭门，自然站立，首先观察全身的前面、后面、侧面，观察整体的轮廓和分量的平衡。然后检查设计线、领子、领嘴、口袋、纽扣的位置和大小等细节。进一步活动手臂和肩部，以此确认服装的活动量是否充裕。因为构成体型的要素很多，而且也很复杂，仔细全面地观察、发现其原因，以便于补正。

（十）缝制准备

补正位置的订正、缝份的处理，试穿补正之后拆掉绷缝线，用熨斗熨平。不需要补正的地方，在平缝之前也要放上纸样，修正左右错位和歪斜。补正的地方，按照修正后的纸样做记号，一般用线钉做记号。缝份是平缝时必要的裁剪量。前身的下摆与过面留出2cm重叠裁剪。

1. 纸样修正、裁剪零部件

假缝后裁剪领面和过面的纸样，使用补正后的纸样裁剪面料。对于领的翻折线和外领口不足的部分切开纸样补足，领里口多余的量重合纸样去除。操作量根据面料的厚度决定，一般在0.3cm左右。面料重叠形成曲面时，因正反面错开会出现较多的不足，所以应事先在纸样上加入估计用量，以免缝合之后不合适。

在粘贴粘合衬之后做标记，但领外口的记号不要做，过面的驳头外口与止口也不做记号，这是因为在缝制过程中领面与领底、过面与前身片要边做边整理出领面和过面的适当的松量。过面上端从肩向下12cm处留出1.5cm缝份，与前衣身里料缝合时在此处缝入一个暗褶，目的是使面料的前肩伏贴。

2. 粘贴粘合衬

在补正之后裁剪的过面、领面、口袋盖上粘贴零部件使用的粘合衬做标记。为了使领尖和领底更挺实，在面料衣身的驳头和领底尖端以及领底的反面使用加强衬，加强衬不留缝份。

3. 裁剪里料

裁剪前要用熨斗熨烫整理里料的布纹（注意不能够用蒸汽），然后将里料对折，核对布纹纱向、排列纸样，因里料的上下层极易错位，在裁剪时应加以注意。裁剪前衣身里料应使用去掉了过面的纸样。用划粉或滚轮按净板位置做出记号。为了适应面料的伸展和活动，里料应留出松量，其松量的给法是在裁剪时里料比面料的缝份多出0.5cm，缝合里料时比净板位置的记号少缝0.5cm，其少缝的量作为褶（俗称"眼皮"）储备起来。下摆为适应面料的伸展而留出1.5cm缝份，在暗缭缝时留出"眼皮"量。袖窿下面的缝份处于直立状态，缝份要用袖里包住，所以袖里的缝份是袖面缝份的3倍，约为3cm。

4. 设备与物料准备

准备缝制所使用的小物品及用具，准备好线、卷尺、纽扣、垫扣、手针、机针等必要的用具，以免制作中断。

（1）机缝线　丝线50号，聚酯线60号。

（2）机缝针　11号。

（3）针距　14～16针/3cm。

（4）缭缝用手缝线　丝线50号，聚酯线60号。

（5）锁扣眼用手缝线　锁扣眼丝线。

（6）绷缝线　本白线。

（7）手针　6号、7号。

（8）机器和用具　准备机器和用具。

（9）缝制和熨烫用具　准备好缝制和熨烫用具，预先放置在使用方便的地方。

进行平缝机试缝，调整线迹，以便形成的线迹没有跳针或缝皱，特别是里料容易发生缝线缩拢，应预先通过试缝来调整缝制条件。起针和收针时打倒针固定。希望线迹结实时，可以重复缝两次。省尖应自然消除，不要回针缝，打线结使其牢固。为了形成漂亮的线迹，应事先把握好符合熨烫操作的组合条件，例如熨斗温度、蒸汽可否使用、必要的垫布、衬垫的种类、面料的性质等。

5. 缝制顺序制定

为了提高缝制操作效率，要将操作内容分类为机缝、熨烫、手工缝，并且把同类作业整理归纳，制定出可行性操作计划，以免浪费时间。

套装西服缝制的具体方法及步骤参见下一节"全衬里西服套装样衣缝制"。

第二节　全衬里西服套装样衣缝制

一、款式

（1）平驳头两粒扣西装　设计简洁，属于套装上衣的基本款式，两个外贴袋。

（2）衣身构成　三开身六片式，前胸有小胸省；衣长腰围线以下25cm；半紧身造型。

（3）衣领构成　平驳头翻驳领结构。

（4）衣袖构成　两片缩袖结构，袖口带开衩，两粒扣。

西装款式图如图4-15所示。

二、裁剪

1. 衣身制图

（1）对位　把前身原型放到水平线上，为了分散前胸的省量和作为套装的长度松量，从腰围线WL向上抬高1cm放后片原型。

（2）胸围松量　在胸围上放3cm的松量，松量分配为后侧缝2cm、前侧缝1cm，在前中心为了避免由于布的厚度和左右身相搭而造成围度不足，另外追加1cm，追加的尺寸根据布

图4-15 西装款式图

的厚度可以增减。

（3）衣长 在腰围线以下追加了25cm，衣长随设计或样衣确定。

（4）领孔 在侧颈点前后都去掉了0.5cm，后片作为长度余量而向上追加了0.5cm。

（5）肩线 在高度方面，肩端点增加了垫肩的厚度0.5cm；在长度方面，后肩的吃量设计为1cm，吃量根据体型、材料、设计的需要可以增减。

（6）袖窿线 作为套装的松量向下挖深了1cm，画袖窿线时，要掌握前后的功能性与平衡性。

（7）臀围松量 臀围处松量设计为12cm，对于臀围尺寸的不足量，利用交叉解决。

以上制图步骤如图4-16所示。

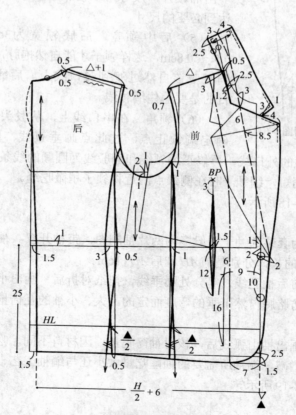

图4-16 西装衣身制图

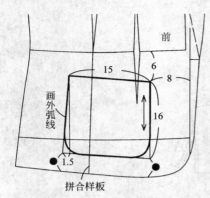

图4-17　西装口袋定位

（8）贴袋位置　口袋制作完成缝在前衣片上时，口袋前边要与前中心线平行，口袋下边要和衣身下摆平行，袋口要放有松量，如图4-17所示。

2. 领子制图

（1）驳口线　在原型前领口线的1/3处画一条与肩线平行的线，其长度为2.5cm，即为前底领宽，与翻驳点相连画出驳口线。在决定驳口折线时，应该首先确定领型，方法是：先从折线向大身侧面画出预定的领型，再印到反面，依照驳头的直观感觉来决定尺寸。

（2）串口线　串口线的高低及斜度由款式决定，此款的串口线斜度由前颈点以下3cm，前胸宽线与肩线的交点两点的连线来决定。

（3）驳头宽　驳头宽度也由款式决定，此款西装领驳头宽8.5cm，垂直翻驳线取值，将驳头外形画成微微向外凸的光滑曲线。

（4）倒伏量　从侧颈点画出一条线与驳口线平行，在此线上取后领口尺寸（○），称为绱领线，为了得到领外口线的必要尺寸，将绱领线倒伏2.5cm，这个量称为倒伏量，多出的领外口尺寸可以使领子伏贴，领子的倾倒是要外围达到必要的尺寸。

（5）后中领宽　后底领宽为3cm，比前底领宽多0.5～0.8cm，这样领子才能自然抱脖，画出领子的翻折线，同时应该自然过渡到驳口线上。后翻领比后底领宽1cm，目的是要盖住绱领线。

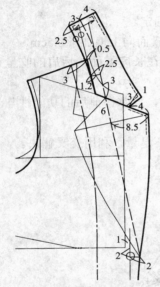

图4-18　西装领制图

（6）领角　在串口线上，从驳头尖点沿串口线取4cm确定绱领止点，过此点画垂直线，取前领宽3cm，向下1cm处为领尖。画翻领的外口线，再修正绱领线和翻驳线为圆顺的线条，修正后的绱领线比实际的领口弧线尺寸稍短，绱领子时在侧颈点附近将领子稍微吃缝。

西装领制图如图4-18所示。

3. 袖子制图

（1）袖山高　作为套装的袖子一般多为两片袖制图，带袖开衩。袖山高度比原型增加了1.5cm。前后袖山斜线的长，分别是前AH和后$AH+1$cm。

（2）侧缝线　在前后袖肥线二等分处画垂线，把纸对折后，画出小袖的袖窿线。从侧面看到的袖缝线，是模仿胳膊自然下垂的弯度而定的。大、小袖的互借量（偏袖量）也可以灵活变动。

（3）袖山弧线　画出袖山弧线后，核对袖窿吃量，因材料不同，吃量也不一样，所以袖窿长所加的尺寸可以增减，绱袖所需要的袖窿吃量大小还与绱袖工艺、手法有关。

西装袖制图如图4-19所示。

4. 边角处理

从结构图中复制出每一部件的净样，核对缝合部位的尺寸、对位点、纸样合并处等，有

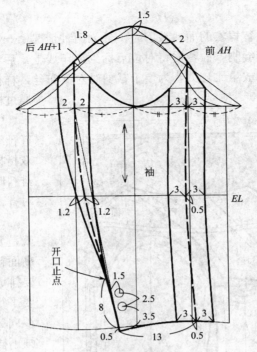

图4-19　西装袖制图

误差的地方重新订正。制作样板要加放缝头，加放缝头要平行于缝迹线，缝合部位的缝头宽度，要取相同尺寸。破缝线和袖窿线的缝头，在缝线的延长线取直角，拼合成制作完毕的状态来决定缝头，图4-20所示为衣身边角处理。图4-21所示是衣袖边角处理。

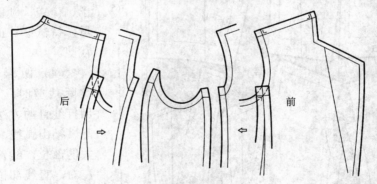

图4-20　衣身边角处理

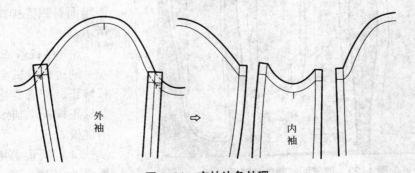

图4-21　衣袖边角处理

5. 假缝面料的裁剪

（1）样板准备　在进行样衣的面料裁剪时，分为两种情况：一是进行假缝修正后再进行正式缝制；二是直接进行缝制。前者需将对位点标到净印线上，后者标在缝头线上。进行假缝和试穿补正时缝头的加放量比较大。为便于裁剪时对其布丝，样板上面画的布丝方向线要通过样板的两端。

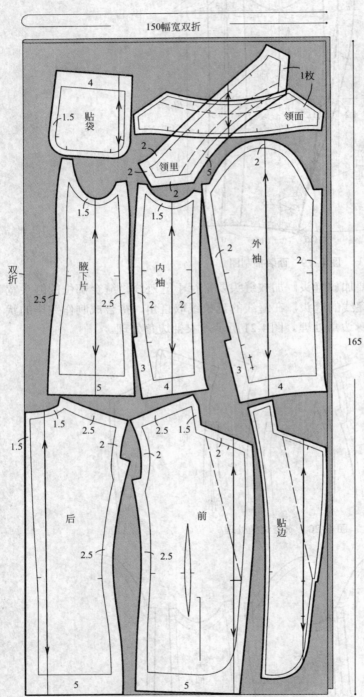

图4-22　假缝面料裁剪排料图

（2）布料准备　对面料进行预缩、整烫后，决定面料是双折排料还是单面排料。双折排料时，面料反面朝外，布边对齐，使纵、横纱向成直角。

（3）排板裁剪　排板原则就是要尽可能地减少浪费，提高面料的利用率，有倒顺毛的要排成同一纱向。样板的纱向要平行于面料的两边（即经纱纱向），全部排完后，用划粉画下样板的裁剪线进行裁剪。

注意：对进行假缝或是有必要对条格图案的布料，由于补正后可能要造成图案移位，对于前后身片、腋下片、袖子、口袋、领里等需要留出余量，待试穿补正后再进行二次裁剪。

（4）做标记　使用面料实际裁剪时，单件样衣一般用打线钉的方法做标记，像袖窿、袖山弧线、领口等弧度较大的部位，线钉的间隔在2cm左右，直线部位的间隔在8cm左右，注意先粘衬后打线钉。假缝面料裁剪排料图如图4-22所示。

6. 样板修正

通过假缝试穿后对样板进行修正，有需要补正的地方重新修正样板，制作出正式裁剪用样板。

（1）领面样板修正　以领里为基准，折叠里口多余量，加放外围的余量。加放翻折线处的容量，容量的大小取面料的厚度，一般毛料加放0.2～0.4cm，在领面外围和翻折线处均需加放翻折容量，如图4-23所示。

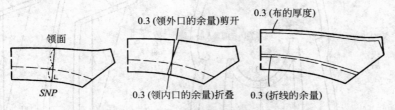

图4-23 领面样板容量加放

领面毛样板在以上修正好的领面样板上，才可以进行放缝；领里毛样板直接在领子净样板的基础上进行放缝，如图4-24所示。

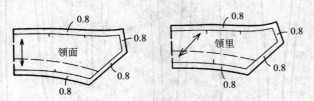

图4-24 领面、领里毛样板

（2）贴边样板修正 西装贴边又称挂面，需要加放驳口折线与止口容量，为了防止贴边收缩，长度上也需要加放容量，如图4-25所示。

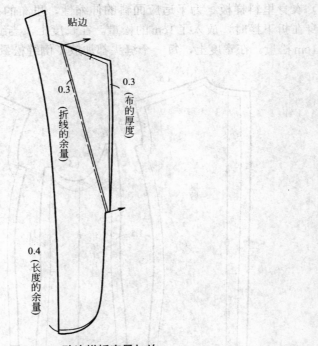

图4-25 贴边样板容量加放

（3）衣身面料样板 重新校对缝份的大小，将样板重新标记。缝份的大小可以根据面料及生产工艺条件决定放缝的大小，弯曲的部分一般取0.6～1cm，矫直部分取1～1.5cm缝份，如图4-26所示。

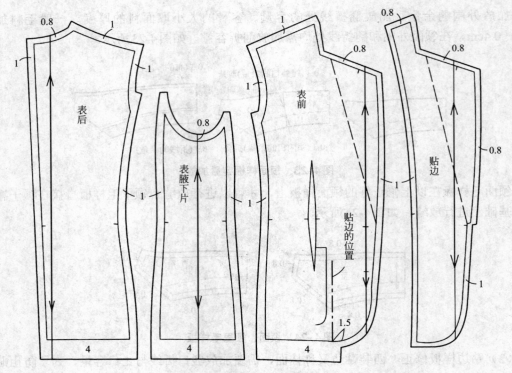

图4-26　衣身面料样板

（4）衣身里料样板　为了适应面料的伸缩性，里布的样板制作要加放宽度和长度的松量。大身在折下摆时，放入了1cm的松量。在长度上，当缝头固定时，里子有一定的松量，又加了1cm松量。在宽度上，每一个缝头都加放了倒缝松量，如图4-27所示。

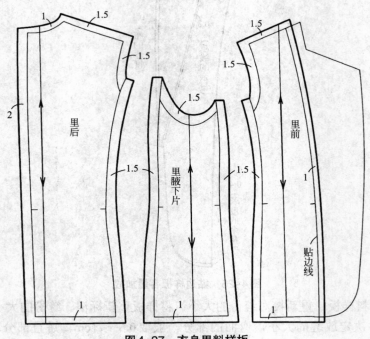

图4-27　衣身里料样板

（5）衣袖面料样板　一般在表内袖的缝份会小一点，取值一般为0.6～0.8cm，袖口折边为3～4cm，如图4-28所示。

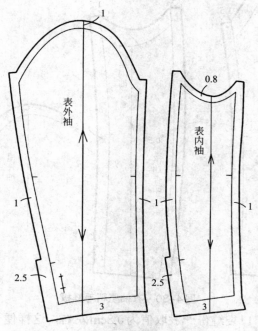

图4-28　衣袖面料样板

（6）衣袖里料样板　由于袖山的缝头要包在袖窿线外侧，这样会造成袖山线的长度不足，因此需要在每一个缝份处加放余量，重新订正袖山弧线，里料净样板如图4-29所示，先将面料样板做修正后作为里料的净样板。

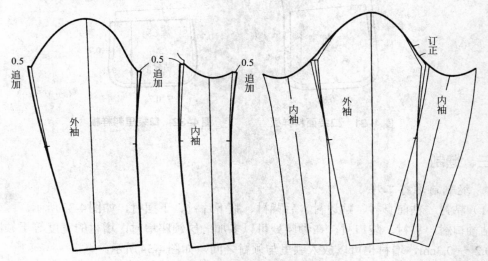

图4-29　衣袖里料净样板

在里料净样板的基础上，在面料缝份中再加放倒缝松量，长度加放1cm制作里料毛样板。为了使袖长的余量上下分配均匀，袖肘线的对位点向下移动了0.5cm，里料毛样板如图4-30所示，在里内袖处加放面料袖底缝份的3倍。

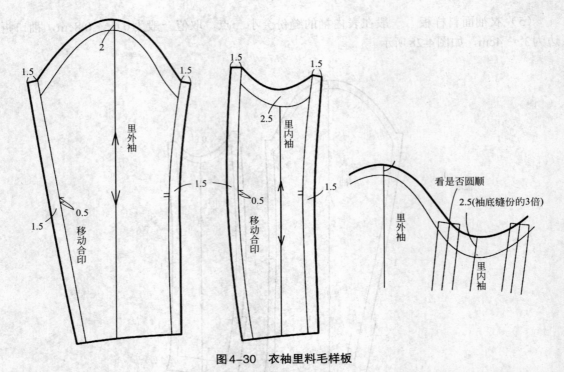

图4-30　衣袖里料毛样板

（7）口袋面料样板　口袋缝份一般取值为0.8cm左右，这样便于折边，特别是在圆角处缝份不宜过大，上口折边取4cm左右，如图4-31所示。

（8）口袋里料样板　袋里的缝头为吐止口，所以口袋的里料在净样板的基础上，缝份要少放一些，一般加放0.7cm，口袋上边加放了2cm，如图4-32所示。

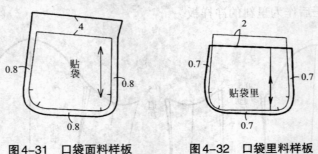

图4-31　口袋面料样板　　　　图4-32　口袋里料样板

三、缝制

1. 缝制前准备工序

（1）粘衬　粘前身衬、贴边衬、后背衬、腋下片衬、下摆衬，如图4-33所示。

粘袖口衬、领衬、袋口衬，在领座处可以多加一层领座增衬，增衬的宽度等于领座宽度减去0.2～0.3cm，增衬也可以放入领里与领衬之间，如图4-34所示。

（2）粘扦条　在纱向和缝线易伸缩、变形的地方和需要补强的地方要粘扦条。衣身前片要在止口线内侧，驳口线要在大身侧距折线1～1.5cm的地方粘扦条，圆摆处要在扦条内打剪口，在驳口折线的扦条中，用倒钩针固定，在距离翻驳点8cm以上的地方要折回到前中心线，如图4-35所示。

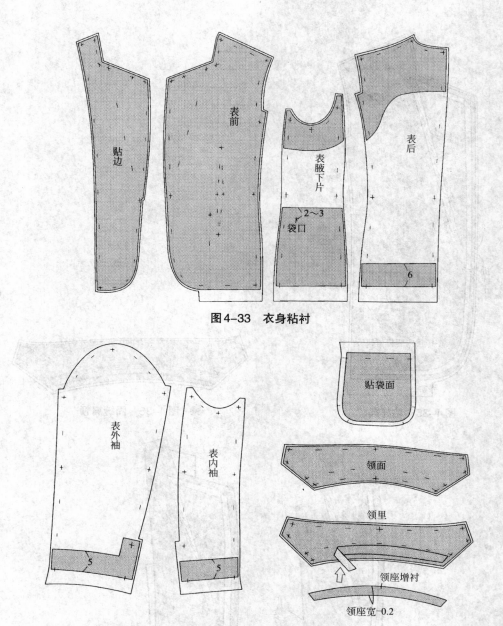

图4-33　衣身粘衬

图4-34　衣袖、衣领粘衬

（3）固缝肩领　在里领一面，距离领座领折线0.5cm处缝一道线，然后再隔0.5cm缝一道，为使领座很硬实的话，可以用相同的间距把领座纳一遍，在传统的西装手工缝制时，采用手工纳驳头和翻领，如图4-36所示。

2. 缝制工序

为了便于初学者掌握，这件上衣的制作方法，是把面和里分别做到绱完领子后，再进行大钩。

（1）缝制胸省　因为前衣身胸省量较小，为使收省后从表面看比较平整，在缝制胸省时一般垫上垫条来收省。首先把省缝对折熨烫，在腋下一侧垫上斜丝的面料或专用垫条后再进行缝纫，最后把省缝劈缝熨烫，如图4-37所示。

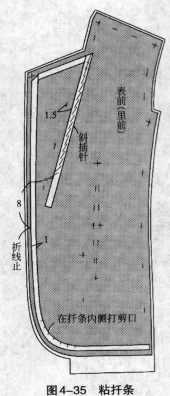

表前（里前）

1.5

斜插针

8

折线止

1

在扦条内侧打剪口

图4-35　粘扦条

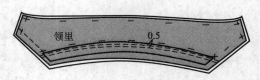

领里　　0.5

图4-36　固缝肩领

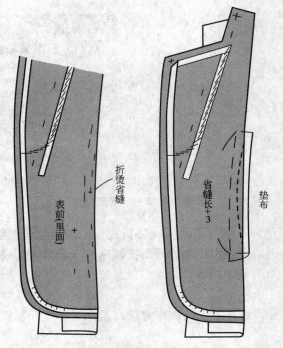

折烫省缝

表前（里面）

省缝长＋3

垫布

图4-37　缝制胸省

（2）合腋下片　首先将腋下片的上下与前衣身对齐，用别针固定或用手针绷缝，然后机缝合缝再劈缝熨烫，如图4-38所示。

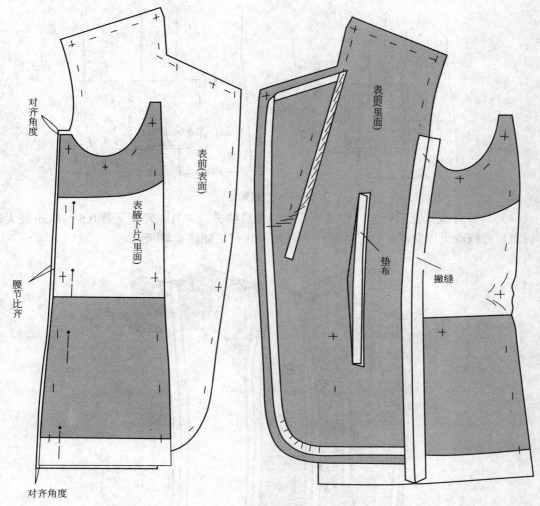

图4-38 合腋下片

（3）钩缝贴袋 首先钩缝贴袋，折烫里袋口的缝头后与表袋叠放，为使表袋有足够的吐止口备量，注意钩缝时要将里袋放在上边进行钩缝，在圆角处拱针扣烫，翻到表面后扴袋口，如图4-39所示。

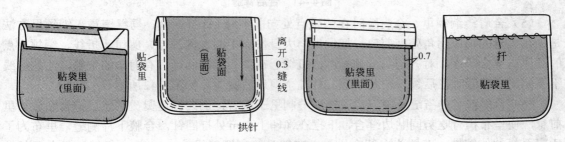

图4-39 钩缝贴袋

缩贴袋方法是：使贴袋口稍有松量后用别针别住，先绷缝后再固定压明线，袋口两侧如图4-40所示路线打回针压明线，之后把剩余针脚引到反面打结，注意缝纫线头的处理非常重要，注意样衣制作的细节，才可能缝制出高品位的服装。

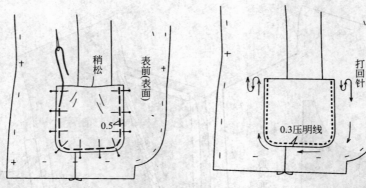

图4-40　绱贴袋

（4）合后背缝　合后背缝、合腋下片后侧缝后劈烫，并且在距离下摆0.5～1cm处大针脚机缝，此线既可以防脱纱，又能够作为扦里的标记，如图4-41所示。

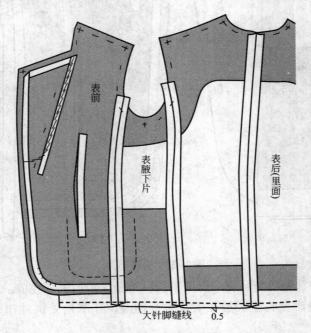

图4-41　合后背缝

（5）合肩缝绱领里　合肩缝时在侧颈点处向前多缝1针打回针，劈缝熨烫。绱领里方法是：在大身的领口拐角处打剪口。把领里与大身按后中心、侧颈点、剪口、折线、绱领止点的顺序对准合印点，对齐缝头后绷缝，再机缝。在绱领点打回针，有剪口的位置，注意缝线不要偏斜。劈缝时在后领口较劲的地方打几个剪口后熨烫，如图4-42所示。

（6）合里前身的省缝及腋下片　首先缝制里子胸省，倒向侧边熨烫。然后缝合贴边与里前身，使里布稍有吃势同贴边缝合，下摆在净印上2cm处打回针。合腋下片侧缝，里布为了适应面料的伸缩性，在缝头中留有松量，在缝头侧离绷缝线0.2～0.3cm机缝。里布在起针与缝完后，如果打回针容易抽缩，所以，要留出10cm左右的线脚，用手打结，缝头都倒向后中心。

缝合后背中缝方法是：缝合里的后背中缝时，在后中心缝头中留有背余量，从后颈点以下 2cm 处至腰节线之间，偏向缝头侧 1cm 机缝，腰节线以下向外 0.2cm 机缝，缝头向右身倒烫，如图 4-43 所示。

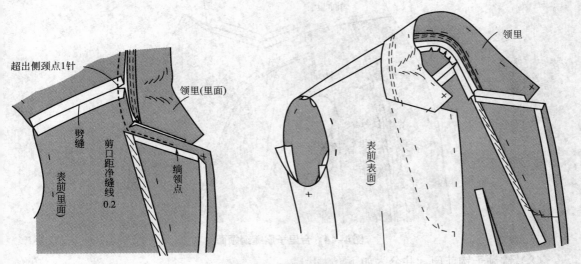

图 4-42　合肩缝绱领里

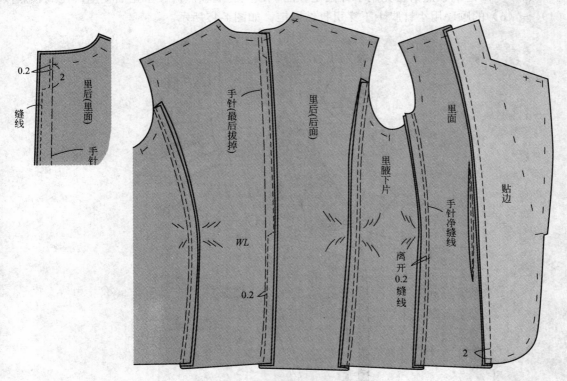

图 4-43　合里前身的省缝及腋下片

（7）合里子肩缝绱领面　合里子的肩缝时，比齐侧颈点多缝一针，参照领面的肩缝缝合，里子不劈缝，缝头向后倒烫。绱领面方法是：在贴边的领口拐角打剪口，绱法同领里相同，在领面的侧颈点缝头上打剪口，使前领口劈缝熨烫，后领口向大身一侧倒烫，可以在缝头较劲的地方打上剪口，如图 4-44 所示。

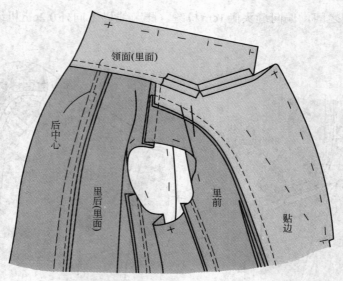

图4-44 合里子肩缝绱领面

（8）钩领子钩前门　共分为如下五大步骤。

第一步固定绱领点：首先用手针固定领面、领里的绱领点，领子正面朝里，在绱领点按
（1）～（6）的顺序用小针脚上下穿引打结固定，如图4-45所示。

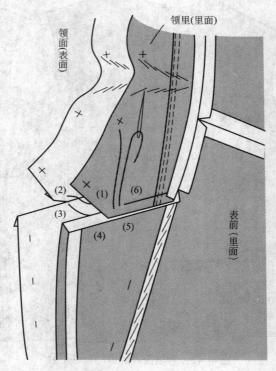

图4-45 固定绱领点

第二步进行绷缝：绷缝时对准领外围、前门止口的缝头和对位点，要保证领角和驳头拐
角（领面处）以及衣摆圆角处（大身面）有足够的松量，在扦条上进行绷缝，如图4-46所
示为从大身侧面看到的图。

第三步复核翻驳线处余量：将翻驳领在翻折线处翻折过来，复核翻驳线处余量，如图4-47所示。

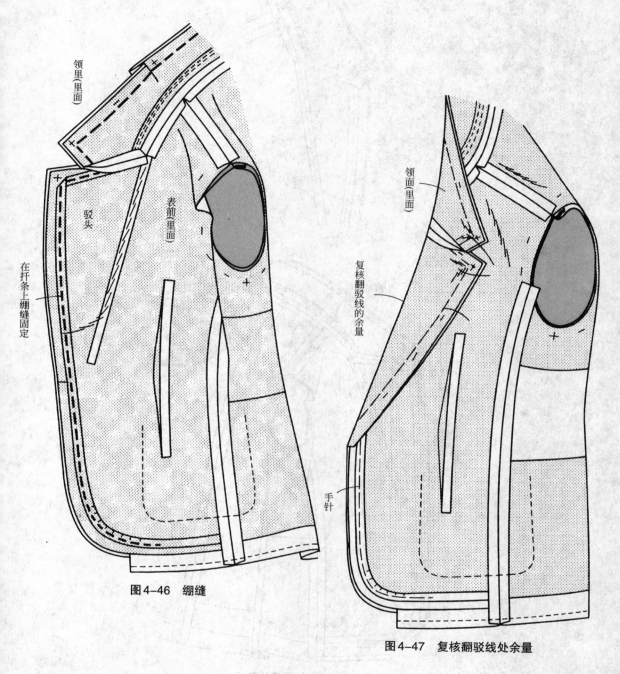

图4-46　绷缝

图4-47　复核翻驳线处余量

第四步钩领子钩前门：钩缝时，在翻驳点以上部分，缝线要沿着扦条边钩缝，在翻驳点以下部分，缝线要在扦条外0.2cm左右钩缝，在绱领点要把缝头扒平，距固定线前一针起针往上缝，然后再从绱领点固定线前一针往下缝，在往下缝时，翻驳点以上是沿扦条边净印钩缝，过了翻驳点后是离开扦条净印0.2cm左右钩缝，如图4-48所示。

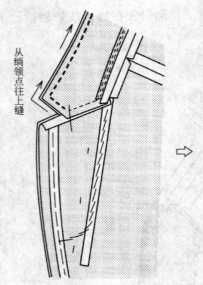

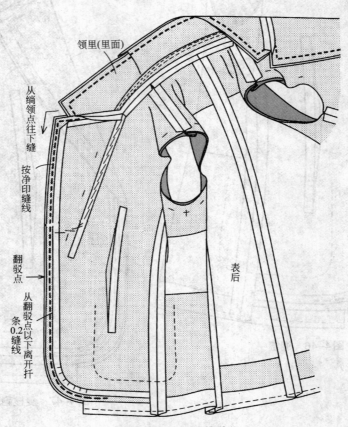

从绱领点往上缝

领里(里面)

从绱领点往下缝

按净印缝线

翻驳点

从翻驳点以下离开扞
条0.2缝线

表后

图4-48　钩领子钩前门

　　第五步扣烫领子前门：首先把大身与领里的缝头剪去0.3cm左右，劈缝扣烫前门与领外围缝头，翻到表面，领里与大身吐止口0.1～0.2cm。熨烫时，使用水布蘸少量水使缝头牢固定型，待缝头稳定后从表面绷缝固定。最后在衣身的里面，把绱领缝头用倒环针固定，如图4-49所示。

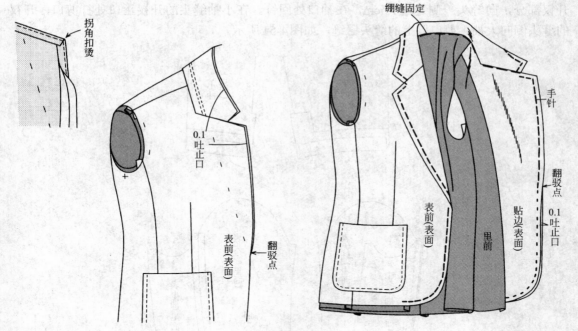

图4-49 扣烫领子前门

（9）扦缝大身面下摆 折烫下摆，用倒钩针固定在下摆衬上，并且将领子、前门压明线。调整上下线的松紧度后，从右身的贴边端点开始缝线，如图4-50所示。

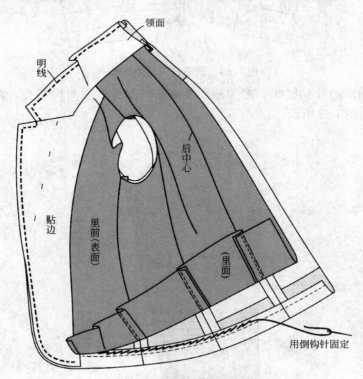

图4-50 扦缝大身面下摆

（10）折表袖口缝外袖缝 折烫大袖、小袖袖口折边。大袖袖口折着不动缝合外袖缝线。

开衩部分，向缝头一侧缝进1.5cm，在袖口处回针。在小袖缝头的开衩止口处打剪口，开衩的缝头倒向大袖。剪口以上的缝头劈缝，如图4-51所示。

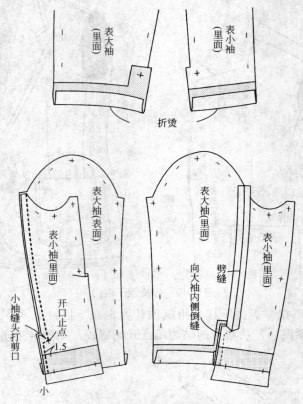

图4-51　折表袖口缝外袖缝

（11）缝合袖里的外袖缝线　把大袖和小袖的外袖缝线面对面相叠，距离净印线以外0.2cm处缝线，如图4-52所示。

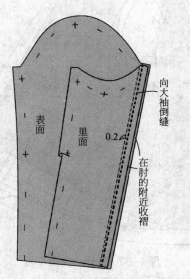

图4-52　缝合袖里的外袖缝线

（12）缝合表袖与里袖的袖口　将大袖的袖口缝头开0.7cm剪口，折烫小袖口折边，手针锁缝至外袖口缝头，之后先在袖开衩上锁眼、钉扣，再缝合表、里袖口，如图4-53所示。

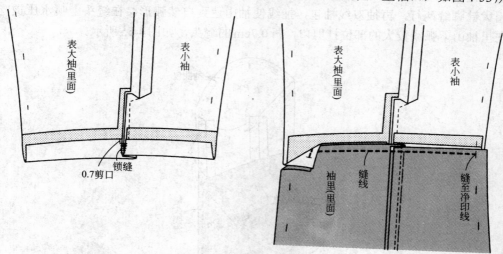

图4-53　缝合表袖与里袖的袖口

（13）缝合表、里袖的袖口线　表袖沿净印线缝，里袖缝线向缝头侧进0.2cm，表袖的缝头劈烫，里袖的缝头倒向大袖一边。在袖口处表、里袖的缝头倒向外袖，如图4-54所示。

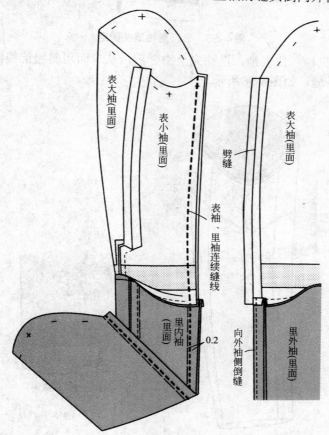

图4-54　缝合表、里袖的袖口线

（14）表、里袖缝头固定　把表袖口沿袖口线向上折，对齐表、里袖的袖缝对位点，使里袖有一定的余量后，先用别针固定，再用针绷缝固定。吃缝袖山方法是：在表袖放松上线，用大针脚缝两行，再抽双线袖包，抽线使袖山达到自然弧形，在缝头上喷水压烫吃量，并且在里袖山下弧线较大的部位打剪口，折0.7cm的缝头，如图4-55所示。

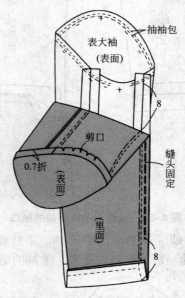

图4-55　表、里袖缝头固定

（15）固定表、里袖　使表袖、里袖完全吻合后，从表面用斜粗棉线固定。袖开衩部分的缝头，用小针脚扦缝，如图4-56所示。

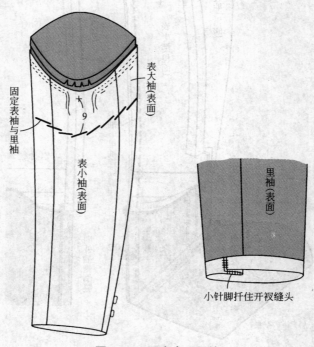

图4-56　固定表、里袖

（16）袖子假缝　对准大身与袖子的对位点，从袖底弧线开始用别针别住，在袖山弧线较大的地方，袖子要盖到身上，用单根棉线从袖侧开始绷缝，注意袖山吃量的分配，在肩缝、侧缝等缝份要圆顺自然。假缝之后垫上垫肩，检查袖的前后位置、袖吃量是否合理、袖子的伏贴程度、肩线的位置是否适中，然后决定垫肩的位置并做好标记，如图4-57所示。

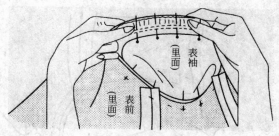

图4-57　袖子假缝

（17）中途检查　在正式绱袖子之前需要进行中途检查，检查内容主要包括袖子整体是否合适美观和领子、驳头、肩部以及面与里的伏贴程度等，若有某个地方不合适，应该在这个阶段进行及时的修改。因此在样衣的缝制中，中途检查这个环节非常重要，不可忽视或省略。

（18）缉缝袖窿　在进行过中途检查后，开始绱袖子，将袖子放面上，大身在下，从后侧缝附近开始缝，保留吃缝量，用锥子推着向前送，一点点转着缉缝袖窿，以保证袖窿原形状不变。因为后背与袖底经常运动，受拉力最大，因此在袖底部分再缝半周形成双道线，然后熨烫绱袖缝头，如图4-58所示。

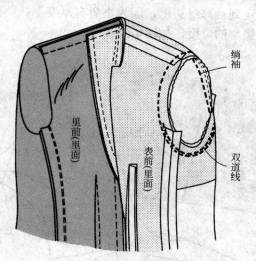

图4-58　缉缝袖窿

（19）绱袖山条　绱袖山条的目的是使袖窿更为饱满、圆顺。袖山条的材料可以使用西装面料斜裁，或用毛毡型衬布、黑炭衬等，也可以使用市场上出售的袖棉条。袖山条的材料最好要有一定的厚度与弹性。其绱法与绱袖的要领相同，盖在袖山上层，也要具有一定的吃势，并且要从绱袖缝头向里进0.2cm左右，沿绱袖线边缘0.1cm倒环针固定或机缝，袖山条宽度共3cm，袖山条的1cm在缝份一侧，2cm在袖子一侧，袖山条的长度约等于大袖的绱袖尺寸即可，如图4-59所示。

袖山布 ‖ 3

大袖绱袖尺寸

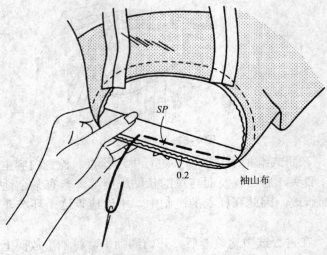

SP

0.2 ‖ 袖山布

图4-59 绱袖山条

（20）绱垫肩 掀开里子，把垫肩对准肩缝与垫肩的对位点，垫肩从绱袖线向外探出1.3cm左右，先从身的表侧把垫肩的位置放好后，固定在肩缝点的缝头上。再在袖窿边缘用别针固定，在里侧手针固定到袖窿缝头上，因为垫肩有厚度，针要垂直穿入垫肩与缝头，线不能拉得太紧，不能破坏垫肩的厚度，如图4-60所示。

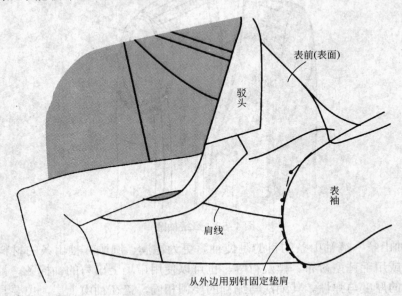

表前(表面)

驳头

表袖

肩线

从外边用别针固定垫肩

图4-60 绱垫肩

（21）衣身里子处理 先固定表、里侧缝缝头，对准里、面的侧缝合对位点，用双棉线倒环针固定，不能吊紧，如图4-61所示。

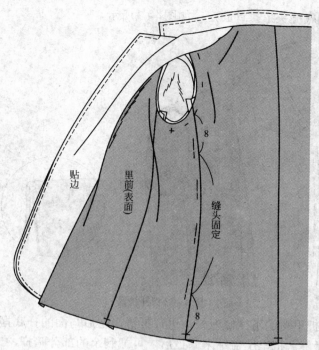

图4-61 衣身里子处理

（22）袖窿内部叠缝 袖窿的面与里不要错开，对准里、面的背中线与袖窿对位点，要使里子的后背与胸部有足够的松量，然后绷缝袖窿与胸部、腰围。腰部要铺开放平绷缝，在袖窿绷缝固定时，针要从外边面料垂直扎到里料上，从表面的袖窿线向里贯缝一周。要求表袖的里面在绱袖线外0.2cm的缝头上，用倒环针直角固定里外袖窿缝头，如图4-62所示。

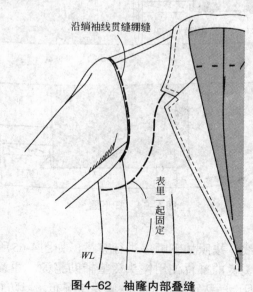

图4-62 袖窿内部叠缝

（23）扦袖窿 首先将袖山里料缝份处进行吃缝预处理，然后对准绱袖底、袖山的对位点，分配好各部位的吃量，用别针别住。从吃量较小的袖底处开始扦向袖山。针脚要小一些，一般在0.3cm左右，袖底因经常摩擦容易开线，扦完之后，在起针处重扦3cm左右，为使里袖平服，扦完后，在袖底缝头上拱针固定，如图4-63所示。

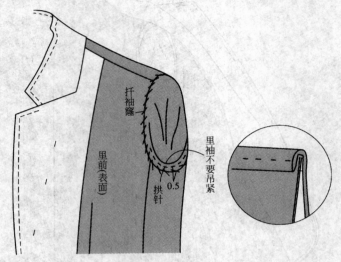

图4-63　扦袖窿

（24）扦下摆　把里料的下摆修剪好，进行折烫，之后与面的扦底摆线对齐后进行扦缝。扦到距贴边3cm处停下，把里子盖下来修烫后，再把剩余的部分暗扦，然后将贴边外露部分锁缝，如图4-64所示。

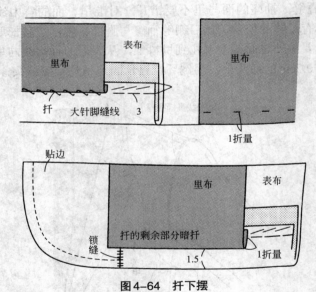

图4-64　扦下摆

3. 后整理工序

拆掉所有地方的绷缝线，按照如下顺序进行整烫，如图4-65所示。整烫用熨斗在里侧轻轻地全部烫一遍，不易熨烫的部位使用馒头烫垫辅助整烫，注意不要破坏了西装的立体感。使用蒸汽整形，烫干为止，从正面熨烫的时候要垫湿布，以防止烫坏毛料。具体熨烫步骤如下。

（1）熨烫省道、腋下缝　垫着湿布，将浮着的缝份用熨斗烫伏贴。

（2）熨烫口袋　在馒头烫垫上整烫口袋，要在袋口的下面垫上厚纸，以防止在衣身上烫出袋口的痕迹，在口袋上面还要垫上湿布。

（3）熨烫领子　在领子一侧用熨斗压烫。

（4）整理驳头　按完成状态折好驳头，在不触及翻驳线的前提下轻轻地整理衣服上的折痕。

（5）熨烫肩部　立起馒头烫垫，把西服肩部套在上面，在类似于穿着状态的条件下轻轻地熨烫调整肩线部位。此时不可触及袖山，以免破坏其丰满感。有的老工艺师手上的功夫很强，在西装袖肩部整烫时，是一手托着肩部，一手进行调整，烫出的肩部造型非常丰满、自然。

（6）整烫下摆　如果下摆线出现了折痕，要轻轻地压烫。

（7）整理袖子　在不触及绱袖线的前提下轻轻地整理袖子上的折痕，在馒头烫垫上整烫袖口。

（8）固定翻驳线　在整烫工序完成后，拱针固定翻驳线，按折线折成穿着翻驳领的状态，从贴边侧向里进2cm，拱针将驳头固定。

（9）锁眼　在止口门襟一侧锁扣眼并剪开，扣眼线使用30号聚酯线，锁成圆头扣眼。锁眼可用锁眼机，也可手工锁眼，高档的手工西装都是用手工锁眼，手工锁出的扣眼立体感强。

（10）钉纽扣　在正面左前身的预定位置钉扣子。为了结实，要在里侧钉上垫扣，线柱的长度与止口的厚度相等。定制西装也是要手工进行钉扣的。

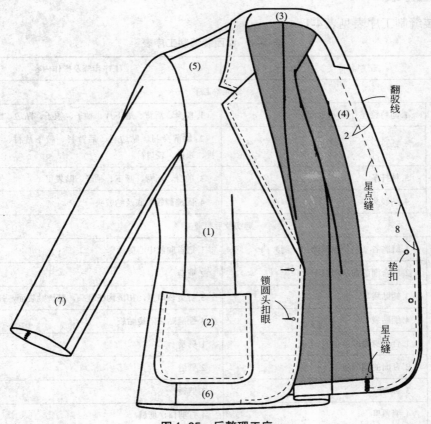

图4-65　后整理工序

4. 检验工序

（1）着装检验　检验样衣是否符合设计意图或客户来样的要求，样衣是否合体，功能性是否具备。

（2）缝制检验　分为整体观察与部分观察。

① 整体观察

a. 里料。里料的松量是否充足，特别要注意肩部和袖子下面；内部缝合有无抽缩。

b. 缝线。缝线是否起皱；接缝是否整理得干净整齐；省道尖是否出现小窝。

c. 口袋。是否有没完成之处，是否有翘起。

d. 衬料。与衬的关系是否有收缩和剥离。

② 部分观察

a. 领子。驳头与领子是否美观、左右是否对称。

b. 袖子。袖子、袖条是否圆顺，袖开衩的方向是否正确。

c. 垫肩。位置与方向是否恰当。

d. 下摆。下摆缝线是否出现开裂，下摆线是否整齐，前身是否向外翻。

e. 口袋。左右是否对称，口袋盖是否向外翻。

f. 锁扣眼。位置、大小、方向是否正确。

g. 钉纽扣。线柱的缝法是否正确。

四、工序表

女西装缝制工序表见表4-1。

表4-1　女西装缝制工序表

工序名称		工序步骤及操作内容
准备工序		
工序	1.面料整理	1.前身、后背、腋下片、袖子、领子、贴边、贴袋面
	2.粘衬	2.粘前身衬、贴边衬、后背衬、腋下片衬、下摆衬、袖口衬、领口衬、袋口衬
	3.粘扦条	3.前身、后背、腋下、袖子、贴袋里
	4.纳驳头	4.固缝翻领领底及纳驳头
缝纫及后整理工序		
第1工序	1.缝胸省（垫条在侧缝的一侧）	1.把省向前中心劈烫
	2.缝合面的前身与腋下片	2.劈缝
	3.钩贴袋里、面	3.折烫袋口里，扣烫钩线缝头，翻烫贴袋面，扦袋口
	4.缂贴袋	4.绷缝贴袋，烫贴袋
第2工序	1.合后身面的背中线	1.劈烫
	2.合面的侧缝线	2.劈缝
	3.合肩缝	3.劈烫
	4.缂领里	4.打剪口，劈缝

工序名称		工序步骤及操作内容
第3工序	1.收里的胸省，合里的前片与腋下片	1.向后中心倒烫缝头
	2.缝合贴边与里的前身	2.向侧缝线倒烫缝头
	3.缝合里的背中线	3.向右侧倒烫
	4.缝合里的侧缝线	4.向后中心倒烫
	5.合里的肩缝	5.向后身倒缝
	6.绱领面	6.打剪口，前领口劈缝，后领口向下倒缝
第4工序	1.钩前门、领子	1.手针固定领里、领面的上领点
	2.压领子、前门明线	2.翻烫领子、前门
		3.固定绱领缝头
		4.折面的下摆，环下摆
第5工序	1.缝合面的外袖缝线	1.烫袖口折边，外袖缝劈缝，袖开衩倒缝
	2.缝合里的外袖缝线	2.绷缝，向外袖倒烫
	3.钩里、面袖口	3.折面的内袖口折边，手针环袖开衩外露缝头
	4.合袖底缝线	4.表袖缝头劈缝，里袖向外袖倒缝
		5.扦袖口折边，固定里外袖缝头
		6.抽袖包，烫袖山缝头
		7.斜钩针绷里外袖，扦袖开衩缝头
第6工序	绱袖子	1.绷缝袖子
		2.绱袖山布
		3.绱垫肩
		4.固定里外后侧缝线
		5.固定里外袖窿缝头
		6.扦袖窿
第7工序	后整理	1.扦下摆
		2.拱针固定驳口折线
		3.锁眼
		4.整烫
		5.拆绷缝线
		6.钉扣

第三节　全衬里西服裙样衣缝制

以直筒西服裙为例，说明下装样衣缝制过程。

一、款式

此款直筒西服裙属于紧身裙结构，从腰到臀部都紧贴身体，前面有两个省，后面有两个省，后面有一个褶直通至开衩处，如图4-66所示。

图4-66　直筒西服裙款式图

二、裁剪

1. 松量设计

此款紧身裙，在臀围的松量为5cm，刚刚能够满足起坐和行走时最小限度的尺寸，腰部不设松量，后中心的褶裥是补充裙子的摆幅，加放行走时的运动松量。

2. 省缝设计

腰臀差用侧缝、省缝加以处理。从腰围到臀围的侧缝线弧度，无论是从造型上还是从制作上来说最好不要太大。省量的确定，在腰线处后中心借助褶量去掉0.5cm，在后侧缝去掉1.5cm，其余的腰臀差量分为两个褶量，如果剩余量过大时，可以作三个省，过小时可以作一个省。前片的省量确定方法同后片。为了把从腰到臀部的圆度造出立体形状，前后省可以画弧线，这样也可以防止省尖起翘，如图4-67所示。

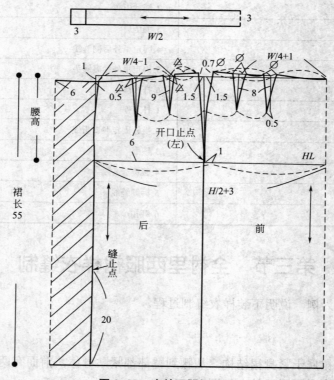

图4-67　直筒西服裙制图

裙腰可以使用布的光边裁剪，在裙腰的毛宽中包括腰衬的厚度0.2cm。把样板按照纱向排好，因为要假缝，要加大缝份量裁剪，裁剪排料图如图4-68所示。

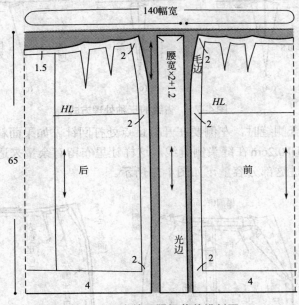

图4-68　直筒西服裙裁剪排料图

三、缝制

1. 准备工序

　　为了实现裙腰的立体造型，不仅要收腰省，而且还要对臀围线以上的侧缝线曲线进行归拔处理。表布下摆锁边，按净印线分别扦缝表布与里布的后中心、省缝、侧缝线（打线钉做标记），在腰面的反面粘衬，如图4-69所示。

图4-69　裙腰粘衬

2. 缝制工序

　　（1）省缝缝制　省尖要缝到最窄的限度，把省缝倒向中心，后片的褶量倒向右侧，侧缝劈缝，如图4-70所示。

　　一般省缝的处理有三种常用的方法，主要是根据面料情况来选择适当的处理方法。第一种是剪口劈缝，对于较厚且不容易脱纱的布料，要像图4-71（a）那样打剪口劈缝，省尖部插入锥子熨烫至省尖消失。第二种是劈开压烫，对于厚且容易脱纱或者薄的布料，可以像图4-71（b）那样劈开压烫，再用拱针固定。第三种是倒烫，对于薄的面

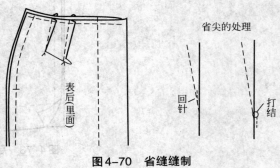

图4-70　省缝缝制

料，也可以像图4-71（c）那样倒烫，如图4-71所示。

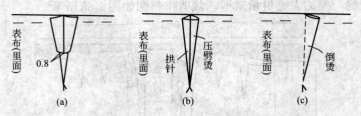

图4-71 省缝的三种处理方式

（2）侧缝缝制　合侧缝时，左侧要在开口止点处打回针。如果面料弹性小，后中心、省缝、侧缝都要离开净印0.2cm在缝头侧缝线，这样让里布留有余量来适应表布，在大货生产时，面料样板就要加进这部分容量，如图4-72所示。

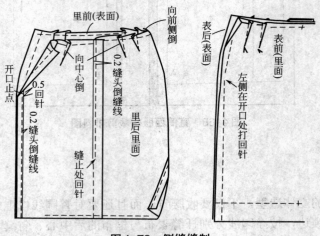

图4-72 侧缝缝制

（3）后中心线缝制　把表布的后中心缝到缝止点，接着缝固定褶裥的缝线，如图4-73所示。

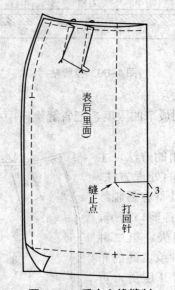

图4-73 后中心线缝制

（4）拉链缝制　作为绱拉链的准备，把裙后片的左侧缝缝头，按照净印线折烫出0.3cm，这是重叠量，前片按照净印线折烫。作为里布绱拉链的准备，在开口止点处打剪口折烫缝份，如图4-74所示。

① 里布绱拉链　距离拉链下端头以下0.5cm处，缝双线固定，拉链上在里布的左侧缝位置，上边的拉头要从净腰口线向下0.7cm，沿里布的折线边缘缝线，如图4-75所示。

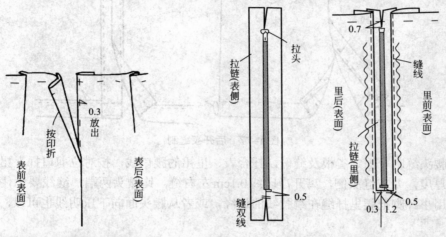

图4-74　面布绱拉链准备　　　　　　　　图4-75　里布绱拉链

② 表布绱拉链处压明线　把表、里裙按做好后的状态叠合，在表布的左侧缝处绱拉链，按箭头方向从前侧连续缝向后侧缝，再压缝表后明线，如图4-76所示。

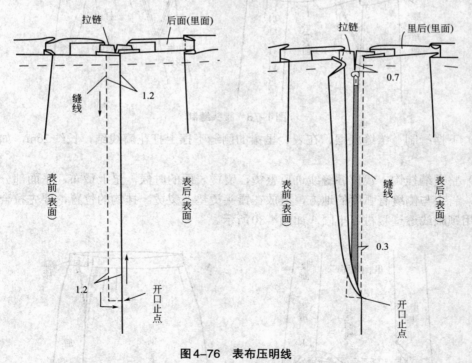

图4-76　表布压明线

（5）后开衩缝制　把里布的后中心开衩和下摆缝头折边后，用扦线固定，如图4-77所示。

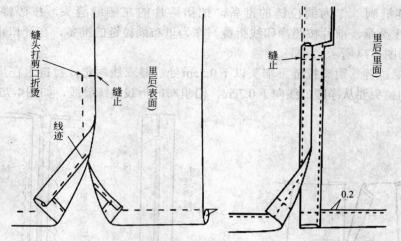

图4-77　后开衩缝制

（6）腰头缝制　固定省根及缝份，扦合表、里裙的腰口线，按对位剪口扦上裙腰。考虑到腰衬的厚度，要在缝头侧，离开净印线0.1cm左右缝。钩腰头两端，缝线要贴住腰衬的边缘。然后用小针脚把腰里扦缝在绱腰线的边缘，或者从腰头面向下压明线也可以，如图4-78所示。

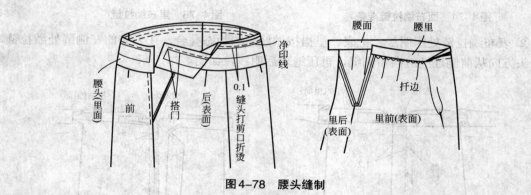

图4-78　腰头缝制

（7）下摆缝制　缭缝底摆，在表、里裙的侧缝下摆上打花瓣线结，长约2cm，如图4-79所示。

（8）整烫绱挂钩　裁掉绷缝线迹后整烫，熨烫表面的时候，垫上烫布，平面部分要放在烫垫上，省尖与侧缝有弧度的地方，要放在馒头烫垫上熨烫。挂钩的位置，要先拉合拉链再决定，用锁眼线透过腰衬钉牢固，如图4-80所示。

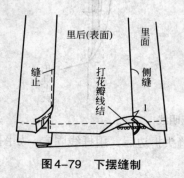

图4-79　下摆缝制

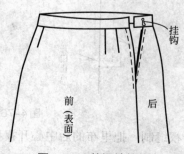

图4-80　整烫绱挂钩

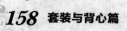

第五章　背心基础知识

第一节　背心的由来

背心又称马甲，是指穿在礼服或西服套装里面、衬衫或毛衣外面的一种无袖上衣，它是伴随着礼服和西服出现的服装。背心的称呼来源于法语的"服装"一词，后又经英语的演变形成现在这个称谓。法语中称其为"gilet"，英语中称其为"waistcoat"。

背心的形成有其明确的功能性，可以用来调节冷暖、固定衬衣形状、装饰打扮。如今，在男装中作为日常服装的功能被淡化，但作为传统正式礼服的配饰，却是不可缺少的。随着女性服饰越来越多元化，背心款式、面料的变化也丰富起来，因其具有较强的装饰性，成为可与衬衣、裙子或裤子搭配穿着的外用服装。

一、西式背心的产生与发展

在17世纪后期，男装背心开始出现，这时的背心还有袖，是17～18世纪"三件套"造型的基本形式。在室内，一般不穿上衣和西装，穿着背心的时候较多；着上衣时，纽扣大多不扣衣服敞开。为了便于穿着，背心上的纽扣一般装至下摆或腰围线处。选用高档面料时，可与精致刺绣结合，并且在门襟刺绣间隙处加入大量的纽扣和扣眼进行装饰。

在法国路易十五时期，男子长上衣前襟都是斜摆的，里面穿背心就显得尤其重要，既保暖，又可以遮住里面的衬衣，使着装显得更加庄重、得体，但背心衣长在臀围以下。到法国大革命时期，背心的长度开始变短，而那个时期的平民还没有穿背心，只是在腰部用宽腰巾围裹，这应该就是半正式晚礼服中用丝巾系腰最早的形式。

19世纪初，随着燕尾服的出现，背心已短至刚刚过腰头，此时与燕尾服配套的背心是采用与裤子相同的白色面料制作的，造型为单排扣的形式。到19世纪80年代，英国开始出现双排扣的背心，这也是后来大礼服的基本背心。19世纪末，出现了专与日常西服套装组合成三件套的日常背心。

第一次世界大战之后，在夏季半正式晚礼服中出现了用黑色罗缎做成多层褶饰的宽腰饰带，围系在腰部替代背心。第二次世界大战中，由于物资匮乏，原日常三件套中的背心也被省略掉了；第二次世界大战以后，除了一些正式场合外，人们已基本不再穿用背心，逐渐用毛衣或毛背心代替。

背心的衣长一般在腹围线上下，目的是在穿用礼服套装时，能遮掩裤子的腰头、腰带及前腰部泡起的衬衫等，以示着装的郑重与正统。在男装中，不同类型的礼服要配以不同类型的背心，日常西服则配以日常的背心，如图5-1所示。

图5-1　西式礼服背心

背心原本是一种男装服饰，第二次世界大战之后，随着套装在女性中的普及，背心也被引用到女装中。虽然在现代套装中，背心已不再是必需的配套服饰，但因其造型简单、穿着方便、着装易于组合变化等特点，还是深受女性的喜爱，而且背心对人体具有很好的调节温度作用。

二、中式背心的产生与发展

背心在中式服装中又称坎肩，是保护胸背的无袖上衣。背心因其独特的实用与装饰功能，已发展成为深受人们喜爱的一个服装品种。最早的背心造型源于古代士兵的胸甲，称为"两当"，即"当背当心"。可分为军用两当铠和民用两当衫，均由前后两片构成，经系缀而穿着。民用两当经历了许多朝代，名称不一，宋代称其为"褙子"，俗称"背心"、"搭护"；元代称"背褡"；明代称"比甲"；清代称"马甲"、"背心"或"坎肩"，延续至今。

在古代，男女都曾流行过"褙子"的服装款式，只不过男女穿褙子的方式和应用场合有所不同。男子常衬于官服内，很少穿在外面；或作为在家会客时的简便礼服。女子将褙子穿在外面，成为典型的常服款式之一，是仅次于"大袖"的礼服，一直流传至明代。关于"褙子"的名称，宋代有一种说法认为：褙子本是婢妾之服，因为婢妾一般都立于主妇的背后，故称为"褙子"。有身份的主妇则穿大袖衣，婢妾穿腋下开胯的衣服，行走也较方便。

背心的结构简练，款式丰富，男女老少一年四季均可穿着。既可以穿在外衣与衬衫之间，与裤子或裙子组成三件套；也可以穿在旗袍、中西式上衣、衬衫、毛衫之外，与裤子、裙子组合；还可以当内衣贴身穿着起保暖作用。背心的长度不拘一格，短的可在中腰以上，长的可在膝盖上下，应用最广泛的约在胯骨至臀围处。背心的面料选择极其广泛，棉、毛、麻、丝、混纺的各种质地面料均可；颜色既可以与配穿的服装相同，也可以不同。如今，随着人们生活方式的变化，背心已不再限于套装的形式，还可作为外衣来穿用，如休闲背心、运动背心、职业背心及防寒背心等。

总之，背心是现代服饰中的重要部分，从结构到色彩、质地、工艺、装饰等方面，都要仔细斟酌，才能穿出独特的风格。

第二节　背心分类

背心类别的划分方法，因观察视角不同而有多种原则。如按穿着方式划分，可分为内穿型和外穿型。内穿型即穿在套装上衣内部，身型狭瘦短小的背心；外穿型即可作外衣穿着的背心，其款式、面料不限。如按衣身长度划分，可分为长背心和短背心，它们之间并无严格的界限。其长度的变化是以流行趋势和与之相配服装的构成比例两个因素而决定的。如按廓型划分，可分为合体背心和宽松背心。合体背心常以省和断缝作收紧腰省松量的结构，使背心的立体结构与人体曲线相符；宽松背心上的省或断缝则更多地体现为纯装饰性结构，仅为平面的款式变化，而非收凹处松量、塑凸点立体的功能性结构。

一、按穿着用途分类

男性和女性穿着背心的用途和目的不尽相同，因此在这里分开讨论。

（一）男背心分类

1. 礼服背心

（1）正式晚礼服背心　是指与燕尾服配套穿用的背心。造型为 V 形领口，外平翻青果领或长方领，领子上端嵌在肩缝中；单排三粒扣，前尖角下摆，前腰两个一字挖袋，面料用白色锦缎，如图5-2所示。

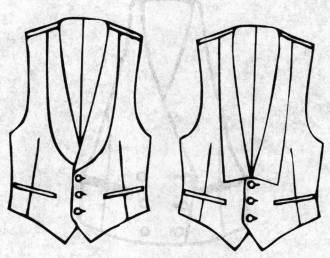

图5-2　正式晚礼服背心

（2）半正式晚礼服背心与腰饰　一般的半正式晚礼服背心为U形领，单排四粒扣，这也是正式晚礼服的简化形式。而夏季由于气温的关系，穿晚礼服一般不穿背心，而是采用罗缎面料制作成多层褶饰的宽腰饰带围系在腰部替代，如图5-3～图5-5所示。

图5-3　半正式晚礼服背心

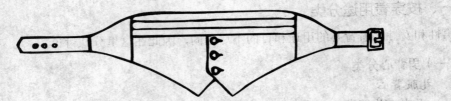

图5-4　晚礼服简装腰饰

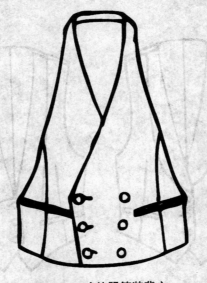

图5-5　晚礼服简装背心

（3）正式晨礼服背心　是指与大礼服配套穿用的背心，造型为双排六粒扣，平翻青果领或戗驳领，领子上端嵌在肩缝中；平摆，前身上下左右对称四个挖袋，面料同大礼服，如图5-6所示。

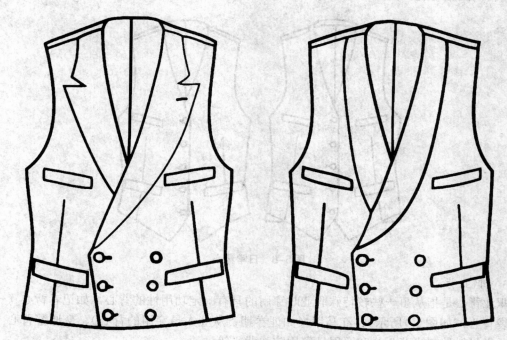

图5-6　正式晨礼服背心

（4）半正式晨礼服背心　造型为单排六粒扣（底扣不扣），V字领口处平翻无串口平驳领，前身对称四个挖袋，面料同礼服上衣，如图5-7所示。

图5-7　半正式晨礼服背心

2. 日常背心

日常背心是指与日常西服配套穿用的背心，V字领，单排五粒扣，前身左右三至四个挖袋，面料同西服套装，如图5-8所示。

图5-8 日常背心

3. 职业背心

职业背心是指从事一些较特殊职业时穿用的具有一定功用性的背心，如记者背心（一种多口袋背心，如图5-9所示）、红马甲（如证券期货从业人员穿用的背心）、交通警背心（如印有反光材料的夜光背心）和军用、警用防弹背心等。

职业背心是以它的功能性为第一位的，如摄影记者采访时要带多种摄像镜头及备用胶卷，多口袋背心是最方便携带这些物品的。证券期货从业者穿用的红马甲，是为了更便于投资者和客户辨认。交通警执勤时穿用的具有反光功能的背心，能使警察在夜间执勤时避免因汽车司机视觉不明而发生交通事故。

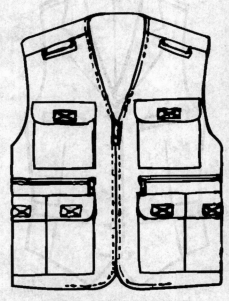

图5-9 职业（记者）背心

4. 休闲背心

休闲背心是指那些可自由搭配穿用的背心，包括冬季防寒背心等。这类背心没有固定的形式，造型变化较多，面料选择的范围也较大，如棉麻、灯芯绒、皮革，包括羽绒等都可用于休闲背心，如图5-10所示。

图5-10　休闲背心

（二）女背心分类

1. 西服套装背心

西服套装背心是指与西服配套穿用并使用相同面料制作的背心。这种背心在着装形式上有许多种变化，既可以穿在西服上衣里面，分别与裙子或裤子组合成三件套，也可以独自与裤子或裙子组合成背心套装。对于女装而言，它丰富了套装的组合方式，非常适合一些职业女性穿用，如图5-11所示。

图5-11　西服套装背心

2. 运动、休闲背心

运动、休闲背心是指可采用各种不同面料来制作的背心,如各种花型面料、针织面料、牛仔布、皮革等。这类背心在造型上并没有固定的形式,可以做出各种变化,如夹克式、上衣式、背带式等,也可以与各种休闲类下装搭配组合,具有轻松随意、时尚休闲的感觉,如图5-12所示。

图5-12 运动、休闲背心

3. 防寒背心

防寒背心专指在秋冬季穿用的背心,多采用人造棉或羽绒等填充在背心的面料与里布的夹层中,也有采用动物毛皮制作的防寒背心,如图5-13所示。

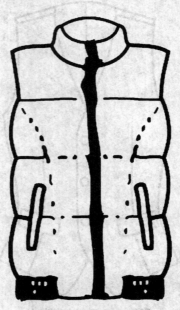

图5-13 防寒背心

4. 职业背心

女职业背心与男职业背心类似，在此不做赘述。

二、按合体度分类

（1）胸衣式背心　是指一般作为夏季上衣贴身穿着的紧身背心，胸松量仅加放一定呼吸量，腰身收得很紧。此类背心仅在女装中出现。

（2）套装礼服背心　是指套穿在衬衣和西服套装或礼服之间的背心，胸松量略小于套装，略收腰身。此类背心不论在男装还是女装中都十分常见。

（3）休闲背心　是指一般作为外衣穿着的背心，胸松量一般大于套装的松量，不做收腰处理。此类背心多属于具有功能性的背心。

三、按长度分类

（1）短背心　是指衣长在胸围线以下腰围线以上的背心。此类背心常见于春、夏季的女背心，可单独穿着或与其他服装配穿，属于时装背心。

（2）中长背心　是指衣长在腰围线以下臀围线以上的背心。绝大部分背心的长度都在此范围内，特别是套装背心和礼服背心。

（3）长背心　是指衣长在臀围线以下膝盖以上的背心。此类背心常见于休闲背心、防寒背心以及时装背心。

四、按材料和制作工艺分类

有单、夹、棉、皮、丝绸、布料、毛料的背心，还有钩织、编织的背心（包括手工编织和机器加工）。

五、按结构形式分类

以穿脱方式分类有套头、前（后）开襟、半开襟、偏开襟、肩缝开襟式等。

（1）以领型分

① 无领式。有 V 形、U 形、圆形和波浪式 V 形等。

② 有领式。以立领、翻领、驳领为主。

（2）按装饰特点来分　应用包括滚、盘、嵌、绣、手绘、蜡染、扎染等装饰工艺和技法制作，能达到丰富背心款式的目的。

第三节　背心构成及采寸

背心多为无领无袖的结构（也有少量背心采用有领设计），领口曲线和袖窿曲线的行进轨迹就成了构成背心平面款式的重要元素。

一、领口曲线设计

领口处于视觉重点区域，领口造型与背心种类及穿着者的脸形、个性是否和谐，将直接影响设计效果。在线形选择上，一般有圆领口、方领口和 V 形领口等。纸样设计时，要根据内着衣物的面料和款式作领口开宽和开深的设计，以确保穿着的舒适和平整。

二、袖窿曲线设计

背心袖窿曲线因不涉及装袖问题，完全处于自由设计状态。在后衣身，肩线上任意一点都可作为袖窿的起点，乃至后领口曲线和后中线上的任意一点与侧缝线上的点相连，也可形成不同款式的背心后视造型。侧缝线上的任意一点均可作为袖窿的终点。而起点与终点之间连线的线形亦有弧形曲线、方形直线或纯直线等多种选择。由此可见，在背心后衣身纸样中，肩点的开宽和袖窿的降低是不受限制的，设计者可在后衣身的平面上设计出无数种袖窿曲线的轨迹。

前衣身袖窿曲线与后片一样，设计时几乎没有任何禁忌，只是前中线很少被作为袖窿的起点。此外，前袖窿曲线轨迹与胸凸的相关位置，会影响其成型后的稳定状态，这点在设计时应予充分考虑。

三、背心采寸

（一）男背心经典造型

1. 日常背心的造型

这是背心的基本造型，款式贴身合体，V形领，前尖角下摆，后衣长在腰节线下10cm左右。

2. 正式礼服背心的造型

（1）正式晚礼服背心　衣长要比日常背心短一些，在腰节线下5cm左右，前尖角下摆，前衣长要长出外穿的燕尾服3cm左右。前V形领口做长方领或青果领，礼服背心比日常背心更加注重装饰性。

（2）正式晨礼服背心　后衣长与日常背心相同，前片为平下摆，前门襟做成双排六粒扣斜襟，前贴翻领为长戗驳领或青果领造型。

3. 半正式礼服背心的造型

（1）半正式晚礼服背心　一般用宽腰饰带来代替背心，这种饰带最早是截取正式晚礼服背心的前腰部造型来设计的，并且在后腰采用系带的方式固定。因为前腰较宽，也能达到遮盖裤子的腰头及泡起的衬衫的效果。而采用丝绸在前腰部做褶的宽腰饰带，其造型则更加简单。

（2）半正式晨礼服背心　采用前门襟为双排扣无翻领的背心造型，或采用简式的、在后腰系带的背心造型。

4. 运动、休闲及职业背心的造型

这几类背心在着装形式上与前几类不同，基本上都是独立外穿的。因此，这几类背心在造型上是无固定格式的，多采用宽松的直腰平摆造型，下摆也可以做出夹克式的造型。前门襟除了钉扣外还可以装拉链，口袋也可根据需要分别做出挖袋、贴袋、拉链袋等。

5. 防寒背心的造型

这是以防寒为目的的背心，一般以夹克式造型为主，填充羽绒或人造棉，可做出宽立领或连衣帽等造型。

（二）男背心采寸

1. 日常背心及礼服背心

基本都是由四片结构构成的，并且分别在前后收腰省，这种构成既简单又能达到完全贴

体的效果。由于设计较合体，为了便于手臂的运动，肩宽要挖去1/3左右，袖窿深也要做出下落等相应的处理。由于背心是无袖的，因此，它对机能性的要求是很低的。胸围松量加放在6～8cm之间，腰围松量在6.5～7.5cm之间。

2. 运动、休闲及职业背心

多采用三片的直线结构构成，不收腰省。由于是外穿的背心款式，而且造型较宽松，除了袖窿深要做出相应的修正之外，肩宽可以按自然肩宽做出。胸围松量加放在14～20cm之间，腰围松量一般按胸围尺寸做出。

（三）女背心经典造型

相对于男装而言，女装背心更加注重其装饰性，因此，女装背心的造型变化较多。根据不同的造型，有宽松型背心、束腰型背心等。也可根据不同的服装形式和面料分别做成基本背心、胸衣式背心、套装上衣式背心、夹克式背心及牛仔装背心等。

1. 基本背心

基本背心是指无领无袖的背心，这种造型也是背心的基本造型。这种背心根据面料的不同可分别用于西服套装背心或休闲背心。

2. 胸衣式背心

胸衣式背心是指无肩造型的具有胸衣风格的背心，这种背心可独自作为夏季上衣穿用或与裙子等组合成裙套装穿用。

3. 套装上衣式背心

套装上衣式背心是指造型具有套装上衣风格的背心，这种背心除了不做袖子以外，其他均可做出套装上衣的效果。如单排扣、双排扣，以及各种领子的造型。着装上可分别与裙子或裤子组成套装穿用。

4. 夹克式背心

夹克式背心是指造型具有夹克式风格的背心，这种背心同夹克一样可做出各种育克分割的变化。这种背心的造型可分别用于休闲背心、运动背心、职业背心和防寒背心等。

（四）女背心采寸

1. 日常套装背心

此类背心是穿在西服套装里的，其松量要求较合体，胸围的松量加放一般在6～8cm之间，衣长在腰节线下8～12cm。

2. 胸衣式背心

此类背心是无肩的造型，可做出一般胸衣的贴身效果。胸围松量加放可在2～4cm之间。

3. 休闲背心

此类背心依据不同的造型，胸围松量加放在10～20cm之间，衣长在腰节线下12～21cm。

4. 夹克式背心

此类背心可参照一般合体夹克的基本纸样做出，其胸围松量在14～18cm之间，衣长在腰节线下18～21cm。

5. 防寒背心

此类背心其胸围松量在18～20cm之间。

第六章　背心结构变化原理

第一节　背心裁剪变化原理

国内现今常用的服装原型有文化式原型（第7代原型）、新文化式原型（第8代原型）、东华原型。文化式原型和新文化式原型是目前国内最主要的两大服装原型，东华原型也常用于服装教学中。三种原型各有优势，对我国服装业的发展都起到了积极的促进作用。尽管三种原型都有其他原型无法替代的独特优势，但其自身也存在一些不足。例如，文化式原型前腰线为一条折线，在使用时容易使人误解。新文化式原型胸省设计在袖窿处，破坏了袖窿曲线的完整性。东华原型的制图公式烦琐、复杂。虽然原型法系统性和原理性强，但对于特定款式的各种量的具体取值介绍较少，给应用带来一定的困难。

随着服装业迅速发展，需要一种适应服装企业需要，能快速完成制板工作的分类二次原型。本书立足服装企业，大量收集整理现有资料、数据和研究结论，在此基础上，以我国人体体态资料为依据，进一步充实、完善服装结构理论，最终推出适用于背心纸样制作的二次原型，并且以绘图的形式对二次原型的适用性和科学性进行验证。

服装原型是一种从人体结构出发，以适应日常基本动作为依据，由最基本的服装部件构成的服装基础型，是平面裁剪中所使用的基本纸样，是不带任何款式变化因素的立体型服装纸样。

其制图方法是先对人体的曲面进行立体取样并作有限分割，进而展开得到平面图，再通过数理统计分析和运用回归方程建立数学模型，然后对曲面展开图各部位数据进行调整，并且通过纸样化处理得到纸样。

一、男装原型

男装基本纸样在欧美和日本都广泛应用，多数是以胸围为基础确立关系式，以比例为原则，以定寸作补充的方法进行。

男性体型较平坦，服装的结构构成较简单，因此原型的构成也相对简单。从胸围松量的加放、袖窿的宽度和深度、领型及肩部造型等方面可以看出，此原型适用于西服套装的制板。根据对背心采寸规律的研究，在绘制背心样板的过程中，若使用此原型绘制就要先对原型进行较大的改动，以适应背心的款式特点。制图原理如图6-1所示。

参考号型：170/92A。

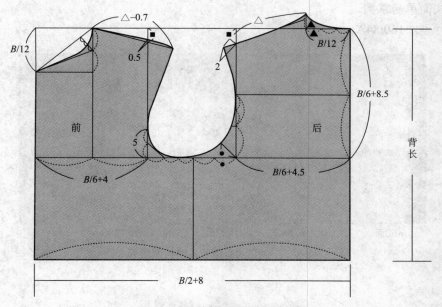

图6-1　男装基本纸样制图原理

二、女装原型

为适应工业化生产的需求，日本文化服装学院于1930年发明了第一代文化式女装原型。文化式原型在自创立之初至今的80多年中已经历了8次变革。目前，我国所使用的文化式原型有第7代和第8代两种，俗称旧原型和新原型。相对于男装而言，女装在结构构成上较复杂，对原型纸样的处理也有很多种方法，其中最关键的是对前、后衣身浮余量的处理。

用布料复合于人体时，由于女性人体以BP为中心的乳房部有隆起，在乳房部的周边会形成多余的皱褶，消除这种多余的皱褶量才会使衣身平服地贴合于人体，此量称为前衣身浮余量；同样的，由于人体背部背胛骨和大圆肌、小圆肌的隆起，在背部的周边会形成多余的皱褶，这种多余的皱褶量常集中于肩线处消除，才能使后衣身平服地贴合于人体，此量称为后衣身浮余量。

消除浮余量的方法有两种，分别是矩形消除法和梯形消除法。

（1）矩形消除法　在人台上，将布料经纬向与人台经纬向复合一致后，将浮余量挪至袖窿处以袖窿省的形式消除，使胸围线呈水平状。此时衣身的胸围线与臀围线呈水平状，故称矩形消除法。

（2）梯形消除法　在人台上，将布料经纬向与人台经纬向复合一致后，将浮余量挪至胸围线以下，在腰围线底部消去，使衣身胸围线呈倾斜状，而且形成上小下大的梯形状，故称梯形消除法。

1. 日本文化式原型（第7代原型）

根据上述分析，结合图6-2和图6-3可以看出，文化式原型属于"前梯形+后矩形"的综合原型。前衣身腰省包含两个量，即由BP突起造成的浮余量和胸围、腰围的差量，这一点对于初学者在理解上有一定的困难。原型的实际腰围线不是一条直线，而是一条折线，容易使初学者产生误解，在使用时出现腰线对位错误。第7代原型应用了推理的方法，采用数据极少，公式简单易掌握。

参考号型：160/84A。

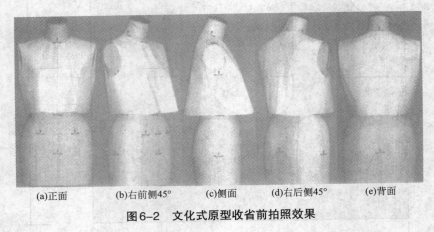

(a)正面　　　(b)右前侧45°　　　(c)侧面　　　(d)右后侧45°　　　(e)背面

图6-2　文化式原型收省前拍照效果

图6-3　文化式原型制图原理

2. 日本新文化式原型（第8代原型）

结合图6-4和图6-5可以看出，新文化式原型属于"前矩形+后矩形"的箱式原型。相较于第7代原型，第8代原型在制图中引入了角度，这使得制图更准确，但同时使制图更复杂了。第8代原型的前胸浮余量是以袖窿省的形式消除的，并且在制图时直接作出，保证了腰线在同一水平线上，使初学者更容易理解。但破坏了袖窿曲线，不能直观地看出最终服装袖窿的效果。第8代原型在各部位采用了不同的比例计算公式，不便于记忆。

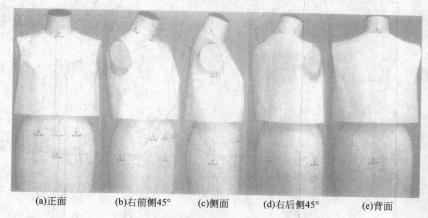

(a)正面　　　　(b)右前侧45°　　　(c)侧面　　　(d)右后侧45°　　　(e)背面

图6-4　新文化式原型收省前拍照效果

第8代原型胸、腰的差量是按照人体曲面特点均衡处理的，初学者可以直观地看出人体特点在纸样上的反映。但在实际生产中，一般在前、后片各设置一个腰省，并不会将腰省分解得过细，这就失去了对生产的指导意义。

参考号型：160/84A。

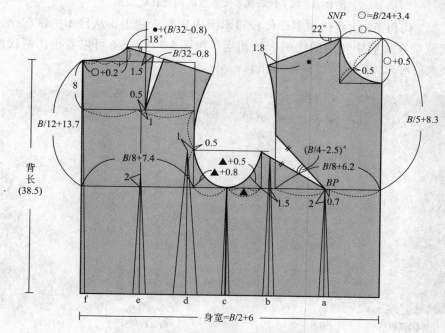

图6-5　新文化式原型制图原理

如果将第8代原型的袖窿省量转移至腰部，转移后去掉后片的重叠部分，然后将前片纸样下降，使侧缝腰线部位前后片水平，那么就会和第7代原型形状比较类似。如图6-6所示，此图也揭示了箱形原型和梯形原型的转换关系，由此可知第8代原型是在第7代原型的基础上改进的，这个改进不只是形式上的改进，而是对原型理解上的本质改进。

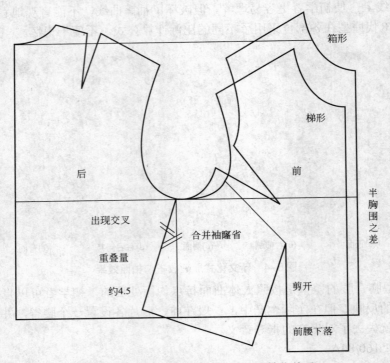

图6-6　第7代与第8代原型的相互转化关系

目前，第7代和第8代两代原型即使在日本国内也都在使用。从日本的裁剪杂志中可以看出，两代原型在裁剪中使用的比例大致相当。由图6-7和图6-8可以看出，两代原型在收省后差异不大，对人体的包裹效果基本相似。

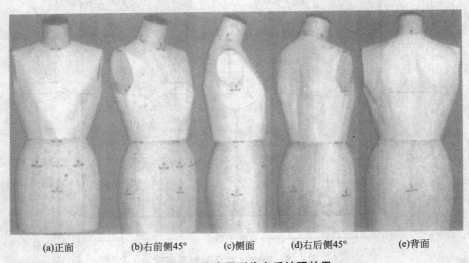

(a)正面　　　(b)右前侧45°　　　(c)侧面　　　(d)右后侧45°　　　(e)背面

图6-7　文化式原型收省后拍照效果

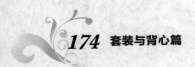

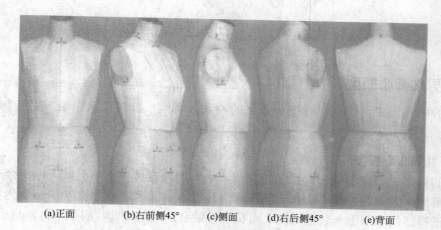

(a)正面　　　(b)右前侧45°　　(c)侧面　　(d)右后侧45°　　(e)背面

图6-8　新文化式原型收省后拍照效果

3. 应用于本章节的基础原型

　　本书中使用的女装基础原型，是在文化式原型的基础上，参考了东华原型和新文化式原型对前胸浮余量的处理方法，同时结合背心的松量设计修改完成的。我国现在是以前后腰节差3cm作为标准体，因此以前后腰节差3cm作为标准体的旧版文化式原型更适合目前中国人的体型。

　　整体衣身轮廓线基本沿用第7代原型的绘制方法，侧缝线垂直腰围线画出，与前中线同时向下延长前领宽的1/2（前长补充量），重新连接前中线和侧缝线。前后侧缝之差即为前胸浮余量的大小。

　　前胸浮余量类似东华原型在腋下点去除，既保证了袖窿曲线的完整，又使腰线保持水平。后肩的浮余量仍然以肩省的形式去除。套装背心腰围的设计松量一般为6cm，根据计算公式（B+10）-（W+6）=10cm。第8代原型中，大部分腰省分配在后片（约为3/5），参考这一比例对腰部省量进行分配，前、后腰省分别为4.5cm和5.5cm，制图原理如图6-9所示。在使用时将腰围线对齐，实际胸围线则为通过BP的一条线，制图时可将腰部的省量按款式需要进行均衡分配。

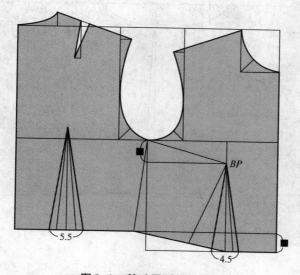

图6-9　基础原型制图原理

第二节 背心二次原型

一、男装背心原型

男装的格式固定，体现出高度程式化的特点，因此，分类二次原型对男装制板有重要意义。

（一）礼服背心原型

男子的体型一般呈倒梯形，臀部较胸部窄小，因此直接在原型腰线下做出合适的衣长，不考虑臀部的影响。礼服背心衣长一般在腹围线上下，这里采用背长/5+1cm作为参考公式。男装基本纸样适用于西服套装的制板，而背心较贴身，因此将前片肩线下落，肩点下落量大于侧颈点是为了消除垫肩量。

前片为了更贴身，余量要小于后片，因此将前袖窿宽的一半消去。袖窿下降3cm、肩宽消去1/3，是为便于手臂活动的机能性的考虑。前片腰省一般参考袋位做出，在这里仅画一条虚线作为参考位置。其余部位均参考前面对男日常背心及礼服背心经典造型的分析进行设计。

制图原理如图6-10所示，主要控制部位具体尺寸见表6-1。

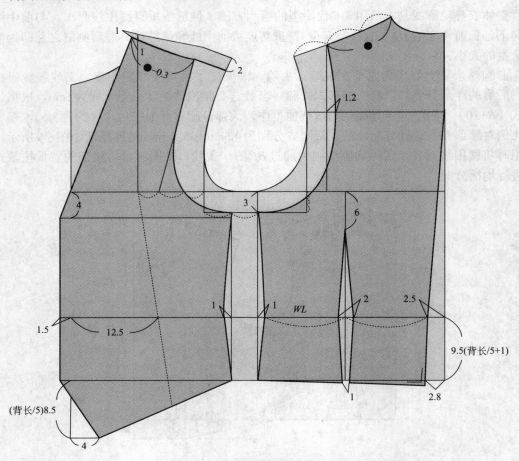

图6-10 礼服背心原型制图原理

表6-1　礼服背心原型尺寸　　　　　　　　　　　　单位：cm

参考号型：170/92A

部位	净测量值	放松量	完成尺寸	文化式原型尺寸
身高	170	—	170	170
胸围	92	6.5	98.5	108
腰围	80	7	87	—
臀围	94	—	—	—
颈围	38	—	—	44
背长	42.5	—	42.5	42.5
衣长	—	—	52	42.5
袖窿深	—	3	26.8	23.8
前领宽	—	—	8.7	9.7
后领宽	—	—	7.7	7.7
总肩宽	44	—	34	44

（二）休闲背心原型

　　休闲背心一般作为外衣穿着，胸松量和肩宽与套装原型保持一致。休闲背心的衣长一般根据款式需要定出，这里采用腰围线下12cm，这个数值比礼服背心稍长，是休闲背心衣长的最小值。袖窿深下降3cm，方便手臂活动。前领孔不做翻驳领，因此将前领孔重新画出。前片肩点下降1cm，消除垫肩量。

　　制图原理如图6-11所示，主要控制部位具体尺寸见表6-2。

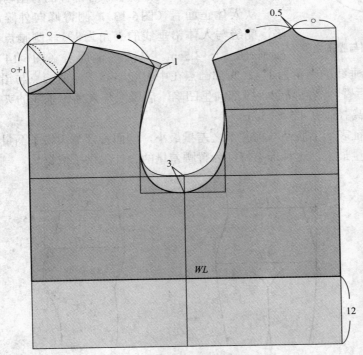

图6-11　休闲背心原型制图原理

表6-2　休闲背心原型尺寸　　　　　　　　　　　　　　　单位：cm

参考号型：170/92A

部位	净测量值	放松量	完成尺寸	文化式原型尺寸
身高	170	—	170	170
胸围	92	16	108	108
腰围	80	28	108	—
臀围	94		—	—
颈围	38	5.4	43.4	44
背长	42.5		42.5	42.5
衣长	—		54.5	42.5
袖窿深	—	3	26.8	23.8
前领宽			8.1	9.7
后领宽	—		8.1	7.7
总肩宽	44		44	44

二、女装背心原型

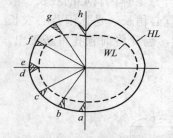

图6-12　人体臀围与腰围之差

由于女性的体态较丰满，有一定的腹突和臀突，为使服装的合体效果达到最佳，首先应画出臀围线，并且将原型腰围至臀围的部分补充完整。

如图6-12所示，内环虚线为腰围线，外环实线为臀围线，a、b、c、d、e、f、g、h分别表示各部位的臀围与腰围之差量。

从人体正面看（图6-13），侧臀峰向外隆起，腰部向里凹陷，侧缝与人体铅垂线的夹角为8°，侧腰点与铅垂线的距离控制在2.5～3.5cm。从人体侧面看（图6-14），腹部略隆起，前中线与人体铅垂线的夹角为8°，腹部凸点在中臀线略靠下，前腰点与铅垂线的距离控制在1.5～2cm，后臀峰高高隆起，腰部向里凹陷，后臀沟与人体铅垂线的夹角为12°，后腰点与铅垂线的距离控制在4.5～5cm。

人体体型特征表明：腹凸与前腰部之差量最小，侧面腰部与大转子凸量较大，臀大肌凸度与后腰部之差量最大。这种形态特征为臀腰差量的设计提供了依据。

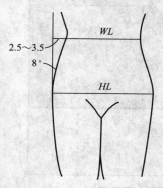

图6-13　人体臀部正面图

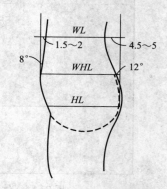

图6-14　人体臀部侧面图

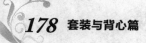

(一)套装背心原型

　　首先取腰长为18cm画出臀围线，然后确定胸围、腰围和臀围的松量。套装背心的胸围松量一般在6～8cm之间，这里选择6cm，腰围和臀围的松量设计与胸围保持一致，这样服装在胸、腰、臀部对人体的包裹效果也基本保持一致。

　　然后比较基础原型的松量，将多余的放松量均衡消除。基础原型的胸围松量为10cm，分别在前、后片侧缝消去1cm，向臀围线作垂线。前后袖窿分别开宽、开深3cm，与基本原型袖窿弧线相似作出。前浮余量（即前后侧缝的差值）作为胸省在腋下点消除。

　　根据追加松量计算出胸围、腰围的完成尺寸，分别为90cm、74cm，据此确定腰围总省量为16cm。腰省参考第8代原型的分配比例，前、后片省量分别为3.5cm和4.5cm。其中，在后中线和侧缝各消去1cm，其余作为片内腰省消去（前、后片均为2.5cm），省位与基础原型相同。腰臀差量的分配基本符合人体特点。

　　臀围追加松量6cm平均分配于前、后片，参考人体特点，在前后侧缝放出0.5cm，腰省处的交叠量为1cm。交叠量的起始位置是根据人体腹突和臀突的隆起位置确定的，前片为臀围线上6cm，后片为臀围线上4cm。

　　制图原理如图6-15所示，主要控制部位具体尺寸见表6-3。

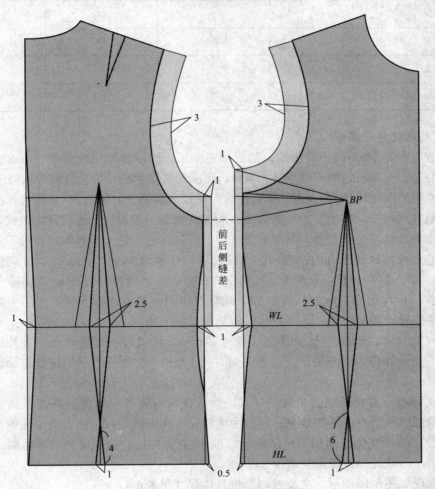

图6-15　套装背心原型制图原理

表6-3　套装背心原型尺寸　　　　　　　　　　　　　　　　　单位：cm

参考号型：160/84A

部位	净测量值	放松量	完成尺寸	文化式原型尺寸
身高	160	—	160	160
胸围	84	6	90	94
腰围	68	6	74	68
臀围	90	6	96	—
颈围	33.6	3.5	37.1	37.1
背长	38		38	38
腰长	18		18	
衣长	—		56	38
袖窿深	—	3	24	21
前领宽	—		6.8	6.8
后领宽	—		7	7
总肩宽	39.4		35.4	41.3

（二）胸衣式背心原型

同样取腰长为18cm画出臀围线，然后确定胸围、腰围和臀围的松量。胸衣式背心的胸围松量一般在2～4cm之间，这里选择4cm，腰围和臀围的松量设计与胸围保持一致。

基础原型的胸围松量为10cm，分别在前、后片侧缝消去1.5cm，向臀围线作垂线。肩宽与前、后袖窿深不变，作出新的袖窿弧线。胸衣式背心一般设计为无肩背的款式，肩线和袖窿弧线仅作为人体形态的参考。前浮余量（即前后侧缝的差值）作为胸省在腋下点消除。

根据追加松量计算出胸围、腰围的完成尺寸，分别为88cm、72cm，据此确定腰围总省量为16cm。前、后片省量均分配4cm。其中，在前、后侧缝各消去1.5cm，其余作为片内腰省消去（前、后片均为2.5cm），省位与基础原型相同。此类背心一般不在后中线断缝，因此不在后中线设计撇背。

臀围完成尺寸为94cm，比胸围完成尺寸多6cm。此类背心造型紧身、衣长短，不做放摆处理，追加量均作为腰省处的交叠量，每片为1.5cm。交叠量的起始位置与套装背心原型相同。

胸衣式背心一般设计成公主线的样式，后片在原有腰省和肩省的基础上画出肩部公主线，为使背部达到紧身合体的效果，将省中线延长至胸围线上6cm作为公主线的交点。前片做成袖窿公主线，变化原理如图6-16所示。以BP点为圆心、以8cm为半径作圆，此圆即视为人体乳房，为款式设计提供参考。

制图原理如图6-16所示，主要控制部位具体尺寸见表6-4。

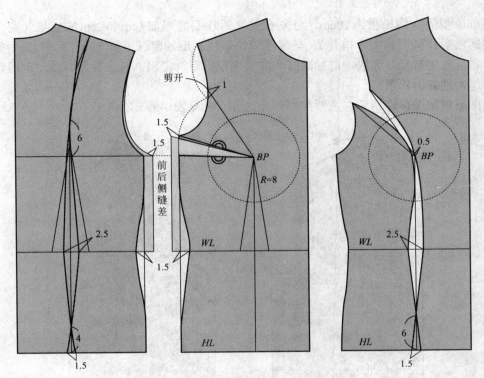

图6-16　胸衣式背心原型制图原理

表6-4　胸衣式背心原型尺寸　　　　　　　　　　　　　　　　单位：cm

部位	净测量值	放松量	完成尺寸	文化式原型尺寸
参考号型：160/84A				
身高	160	—	160	160
胸围	84	4	88	94
腰围	68	4	72	68
臀围	90	4	94	—
颈围	33.6	3.5	37.1	37.1
背长	38	—	38	38
腰长	18	—	18	—
衣长	—	—	56	38
袖窿深	—	—	21	21
前领宽	—	—	6.8	6.8
后领宽	—	—	7	7
总肩宽	39.4	—	39.3	41.3

（三）休闲背心原型

取腰长为18cm画出臀围线，然后确定胸围松量。休闲背心的胸围松量一般在10～20cm之间，这里选取中间数值16cm。休闲背心属于完全宽松的款式，腰围和臀围的合体度被忽略，胸围尺寸足够大时，完成尺寸与胸围保持一致即可。

基础原型的胸围松量为10cm，分别在前、后片侧缝追加1cm和2cm的松量（宽松款式的服装通常后片胸围稍大于前片），向臀围线作垂线。后袖窿深下降5cm，后肩点回缩1cm，不做肩省，画出新袖窿弧线。前袖窿深和前肩宽根据后片定出，画出袖窿弧线。此时前浮余量全部作为袖窿的松量。

　　制图原理如图6-17所示，主要控制部位具体尺寸见表6-5。

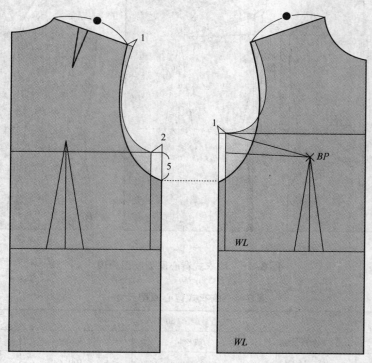

图6-17　休闲背心原型制图原理

表6-5　休闲背心原型尺寸

单位：cm

参考号型：160/84A				
部位	净测量值	放松量	完成尺寸	文化式原型尺寸
身高	160	—	160	160
胸围	84	16	100	94
腰围	68	32	100	68
臀围	90	10	100	—
颈围	33.6	3.5	37.1	37.1
背长	38	—	38	38
腰长	18	—	18	18
衣长	—	—	56	38
袖窿深	—	5	26	21
前领宽	—	—	6.8	6.8
后领宽	—	—	7	7
总肩宽	39.4	—	39.3	41.3

第七章 背心裁剪实例

第一节 经典背心裁剪实例

一、男装背心

（一）礼服背心

1. 日常背心

实例1：设计说明

这是日常背心的基本造型，通常与日常西服套装组合成三件套的形式穿用。

衣身为四片结构，前后腰省。V形领，前门襟五粒扣，前尖角下摆，后片平下摆。后腰可根据喜好做或不做腰带。左胸和前腰左右两侧做三个手巾袋式挖袋。款式示意图如图7-1所示，制图原理如图7-2所示。

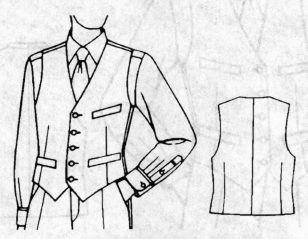

图7-1 基本造型日常背心款式示意图

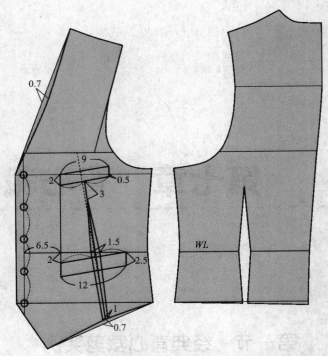

图7-2 基本造型日常背心制图原理

实例2：设计说明

这是一款与西服套装配套穿用的日常背心。造型基本上与前一款日常背心相同，不同之处只在一些局部的细节上，如前身的口袋做成四个，后领口采用了与前衣片相连的领边处理，后片的下摆也适当加长一些，并且在侧缝的底边适当开衩。因此，此款背心在构成上相对前一款要复杂一些。款式示意图如图7-3所示，制图原理如图7-4所示。

图7-3 与西服套装配套穿用的日常背心款式示意图

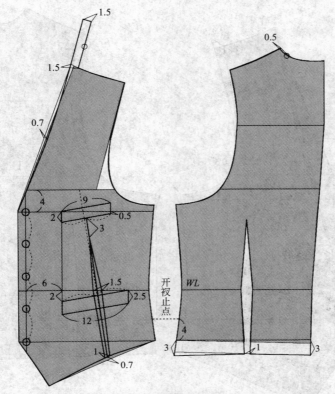

图7-4　与西服套装配套穿用的日常背心制图原理

2. 长方领正式晚礼服背心

实例：设计说明

这是一款用于正式晚礼服（燕尾服）的背心。衣长要根据燕尾服的前衣长适当加长一些，一般稍短于日常背心。前片做V字长方形贴翻领，前门襟三粒扣，前尖角下摆，前腰两侧两个一字挖袋，前后腰省。款式示意图如图7-5所示，制图原理如图7-6所示。

图7-5　长方领正式晚礼服背心款式示意图

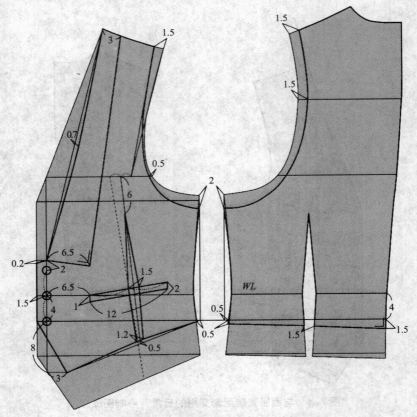

图7-6　长方领正式晚礼服背心制图原理

3. 青果领正式晚礼服背心

实例：设计说明

这也是一款用于正式晚礼服（燕尾服）的背心。

此款背心的基本造型和结构与前一款的长方领背心基本上是相同的，不同的只是前衣片的领子造型，这里的领子为长青果领，而且青果领的下止口点是翻至搭门外止口线上的。款式示意图如图7-7所示，制图原理如图7-8所示。

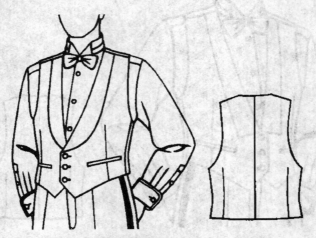

图7-7　青果领正式晚礼服背心款式示意图

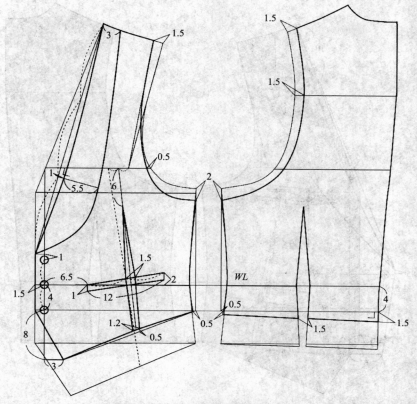

图7-8 青果领正式晚礼服背心制图原理

4. 双排扣正式晨礼服背心

实例：设计说明

这是一款用于正式晨礼服（大礼服）配套的背心。

前衣片斜襟双排六粒扣，平戗驳领上端镶嵌在肩线中，平下摆，前面上下左右四个对称挖袋，前后腰省。款式示意图如图7-9所示，制图原理如图7-10所示。

图7-9 双排扣正式晨礼服背心款式示意图

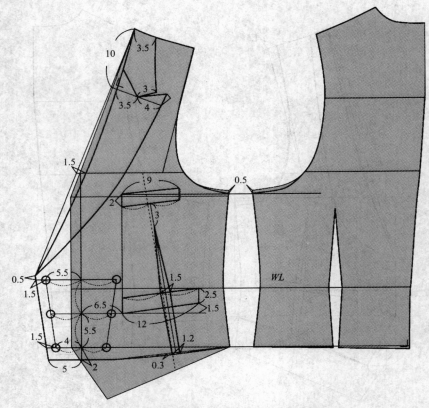

图7-10　双排扣正式晨礼服背心制图原理

5. 无背式（简装）晨礼服背心

实例：设计说明

这是一款无背式的简装晨礼服背心。

前衣身Ｖ形领，斜襟双排六粒扣，平下摆，前刀背缝线，两个双嵌线挖袋。无后背，后颈部为与前片相连的颈带。后腰为腰带式造型。款式示意图如图7-11所示，制图原理如图7-12所示。

图7-11　无背式（简装）晨礼服背心款式示意图

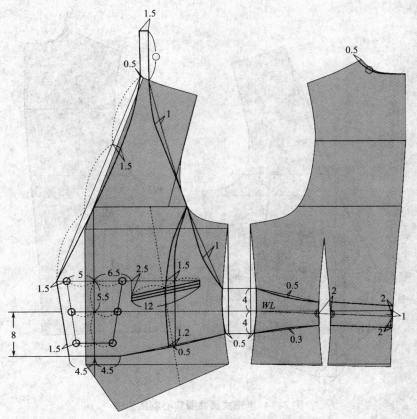

图7-12　无背式（简装）晨礼服背心制图原理

6. 半正式晨礼服背心

实例：设计说明

这是一款用于半正式晨礼服的背心。

斜襟双排六粒扣，这是延续了正式晨礼服背心的格式。但是，前V形领口不需要做领子，前下摆做出尖角的造型，前面也只在前腰做左右对称两个挖袋。款式示意图如图7-13所示，制图原理如图7-14所示。

图7-13　半正式晨礼服背心款式示意图

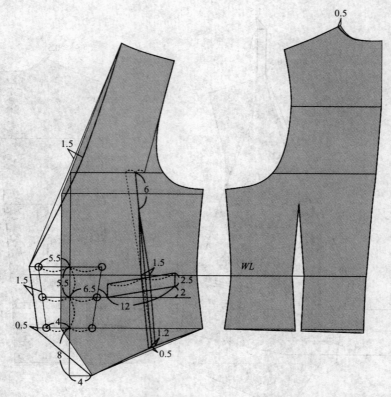

图7-14 半正式晨礼服背心制图原理

（二）休闲背心

1. 职业（记者）背心

实例：设计说明

这是一款多袋型设计的记者背心。

衣长稍长，造型较宽松，衣身为三片结构，直腰身。V字领，前门襟装拉链。两侧前过肩线中镶入带扣环。前胸两个对称带盖立体贴袋，左胸上侧一字挖袋，左右腰上方两个对称长拉链挖袋，挖袋下方左边两个并列的立体贴袋，右边一个大带盖立体贴袋。后背上方按背宽做拉链挖袋，下方一个大带盖立体贴袋。款式示意图如图7-15所示，制图原理如图7-16所示。

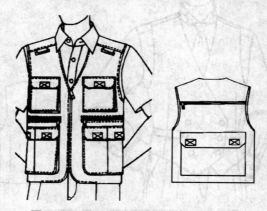

图7-15 职业（记者）背心款式示意图

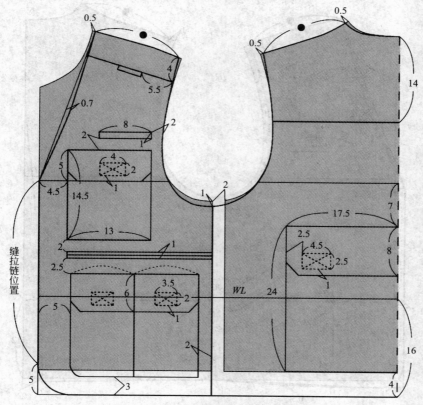

缝
拉
链
位
置

图7-16　职业（记者）背心制图原理

2．休闲背心

实例：设计说明

这是一款可作为外衣穿用的休闲背心。

衣身为四片结构，V字领，单排四粒扣，圆摆，左胸为一字挖袋，前面左右两个斜口贴袋，袋口下方另做拉链袋口。后片侧缝下方两个扣带襻用以调节松紧。款式示意图如图7-17所示，制图原理如图7-18所示。

图7-17　休闲背心款式示意图

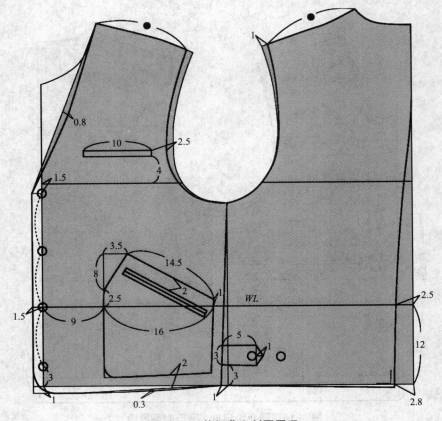

图7-18　休闲背心制图原理

3. 夹克式运动背心

实例：设计说明

这是一款收下摆的夹克式运动背心。

罗纹立领，下摆和袖窿边均采用罗纹边，前门襟装拉链，前面左右两侧拉链式插袋。款式示意图如图7-19所示，制图原理如图7-20所示。

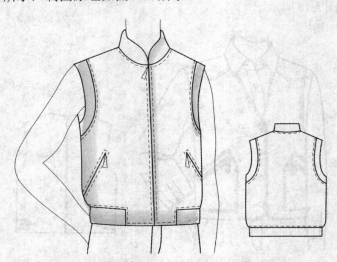

图7-19　夹克式运动背心款式示意图

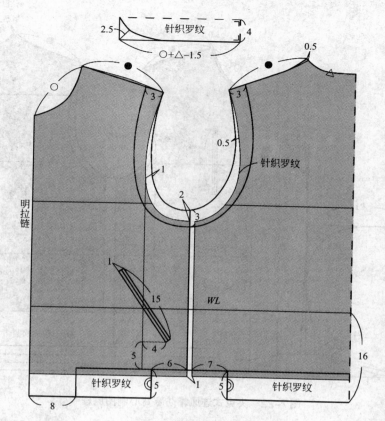

图7-20　夹克式运动背心制图原理

4. 夹克式连风帽防寒背心

实例：设计说明

这是一款采用中空棉或羽绒制作的带风帽的夹克式防寒背心。

衣长在臀围线以下，下摆绱松紧带，前门襟装拉链。前腰部作横向结构线，腰下方左右对称斜插袋，右胸一个纵向双嵌线拉链式挖袋，后育克线。款式示意图如图7-21所示，制图原理如图7-22所示。

图7-21　夹克式连风帽防寒背心款式示意图

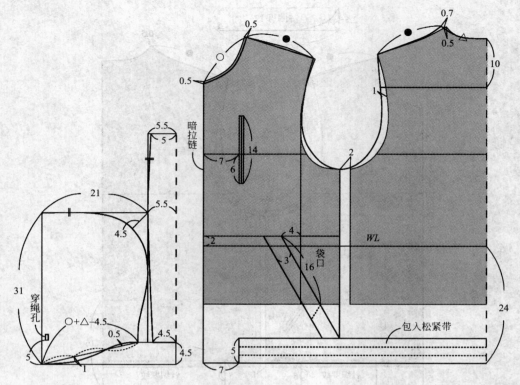

图7-22　夹克式连风帽防寒背心制图原理

二、女装背心

（一）套装背心

1. 女套装基本背心

实例：设计说明

这是模仿男西服套装背心的女西服套装背心，也是背心的基本造型。它是不受流行变化影响的。

背心的衣长在腹围线上下，衣身为四片结构。破后中缝，前后腰分别收腰省。V字领，前斜角下摆，前门襟三粒扣。前片两侧腰线下方做挖袋。

此款背心整体造型合体大方，具有庄重感，多用于职业女套装中。款式示意图如图7-23所示，制图原理如图7-24所示。

图7-23　女套装基本背心款式示意图

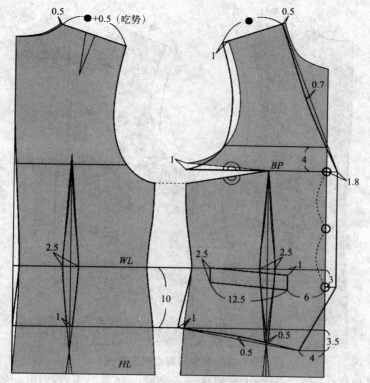

图7-24　女套装基本背心制图原理

前袖窿深下降1cm作为前袖窿的松量，肩省也作为肩部的松量，仅设计腰省，可见此款背心呈现出半合体的造型，从侧面反映了对男装背心的模仿。

2. V字领背心

实例：设计说明

这是一款V字领的正统女套装背心。

与前一款相比，衣身同样为四片结构，破后中缝。衣长在腹围线上，除前后腰分别收腰省外，在前袖窿及后肩部均收省，同时做撇胸处理，使衣身更好地符合人体曲线。V字领，前斜角下摆，前门襟四粒扣。款式示意图如图7-25所示，制图原理如图7-26所示。

图7-25　V字领背心款式示意图

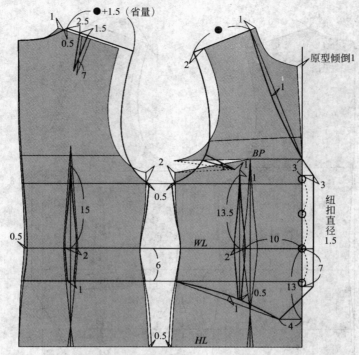

图7-26　V字领背心制图原理

　　将前胸的浮余量分别作为袖窿省和撇胸全部消除，使整个衣身结构更均衡，更好地符合女性人体特点。同时收肩省，整体呈现出合体的形态。由于胸突是一个区域突，前片的省尖均没有指向BP点，而是出于美观的考虑做了相应的偏移。

　　3. 西装领背心

　　实例：设计说明

　　这是一款西装领、美式袖窿的背心。衣长在腹围线下，衣身为四片结构。破后中缝，前后腰分别收腰省，后片肩省转成领孔省。戗驳领，前圆角下摆，一粒扣。

　　此款背心多作为外衣穿着，可与裙子或裤子构成套装。款式示意图如图7-27所示，制图原理如图7-28所示。

图7-27　西装领背心款式示意图

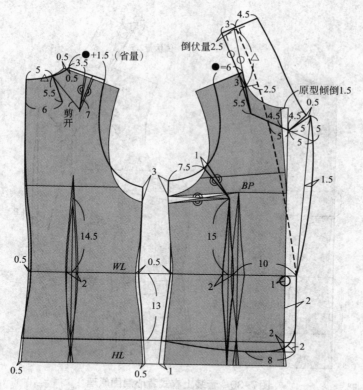

图7-28　西装领背心制图原理

　　前胸的浮余量一部分做撇胸处理，一部分并入腰省。在前袖窿处折叠1cm，使前袖窿松量减小，更贴合人体。后肩省转为领孔省，这样可以将省隐藏于翻领领面下，既保证了服装的合体性，又使服装的外观造型更美观。整体呈现出合体的形态。

　　4. 套装上衣式背心

实例：设计说明

　　这是一款无肩背的短上衣型背心。衣身为公主线的七片结构。衣长在腹围线上下，戗驳领，双排四粒扣。上两粒为装饰扣，前斜角下摆。前腰下两个挖袋。无肩背，依靠领型绕后脖颈支撑衣身。款式示意图如图7-29所示，制图原理如图7-30所示。

图7-29　套装上衣式背心款式示意图

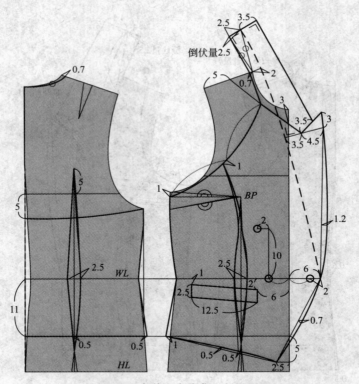

图7-30　套装上衣式背心制图原理

　　前袖窿深下降1cm作为前袖窿的松量。由于后中缝不断开，背部会有一定的余量，将后腰省延长省长至胸围线以上，使收省量增大，可消除这部分余量，保证背部合体。整体呈现合体形态。

（二）胸衣式背心

1. 背带胸衣式背心

实例：设计说明

　　这是可以独自作为上衣穿用的胸衣型背心。背心腰节线以上部分为背带式紧身胸衣造型。腰节线以下部分为基本背心造型。衣身前后公主线，前门襟四粒扣。款式示意图如图7-31所示，制图原理如图7-32所示。

图7-31　背带胸衣式背心款式示意图

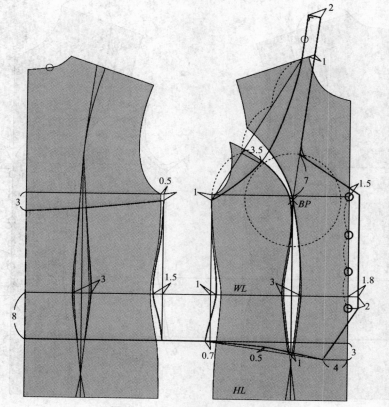

图7-32 背带胸衣式背心制图原理

2. 吊带胸衣式背心

实例：设计说明

这种吊带式背心作为一种上衣，有时很难给它分类。从上半部看，这是吊带式内衣的造型。而近年来内衣外穿的趋势，使这种吊带式背心设计有了依据。无肩的造型，前后肩部靠两条细吊带支撑，衣身破公主线。前门襟右侧不做搭门，由左侧做内搭门，前门襟为六粒与扣襻相扣的扣子。此款背心可作为夏季上衣穿用，或配成裙套装穿用。款式示意图如图7-33所示，制图原理如图7-34所示。

图7-33 吊带胸衣式背心款式示意图

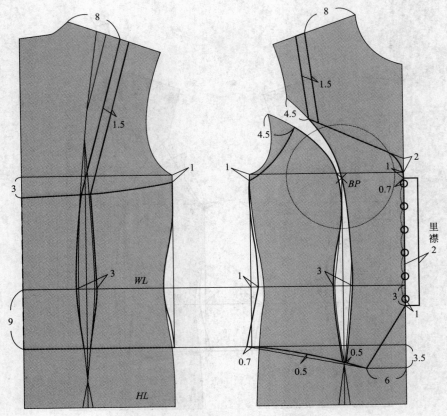

图7-34　吊带胸衣式背心制图原理

3. 露背背心

实例：设计说明

这是一款风格优雅的露背背心。前片造型与背心基本造型区别不大，衣身破公主线。后片有领、肩造型，背部有3条装饰链连接。衣长略长于腰线，前尖角下摆，四粒扣。此款背心可作为夏季上衣穿用，属于时装背心。款式示意图如图7-35所示，制图原理如图7-36所示。

图7-35　露背背心款式示意图

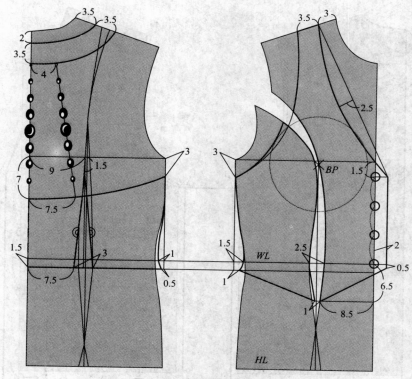

图7-36　露背背心制图原理

（三）休闲背心

1. 夹克式（记者）背心

实例：设计说明

这是一款摄影记者穿用的职业背心。此类背心具有很好的功用性，多口袋设计构成了它的基本特征。

衣长参照基本夹克，衣身为三片结构。直腰身，下摆在两侧用松紧带收紧。V字领，前门襟为直摆，五粒扣。前面四个带盖立体贴袋，上下贴袋之间为两个拉链开袋。这是作为外衣穿用的款式，并不只限于记者穿用。款式示意图如图7-37所示，制图原理如图7-38所示。

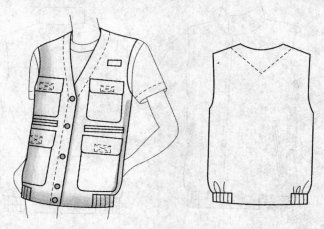

图7-37　夹克式（记者）背心款式示意图

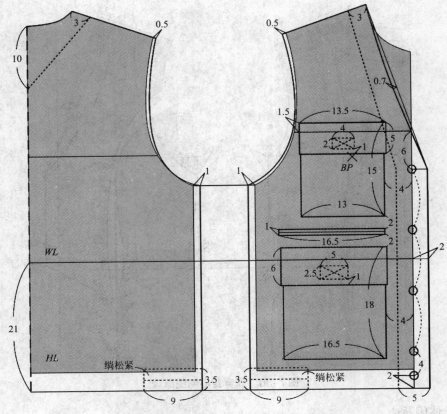

图7-38　夹克式（记者）背心制图原理

2. 夹克式防寒背心

实例：设计说明

这是一款采用中空棉或羽绒填充物制作的防寒背心，比较适合在日夜温差变化较大的日子里穿用。立领，前门襟装拉链，下摆收松紧。前侧两个斜插袋。款式示意图如图7-39所示，制图原理如图7-40所示。

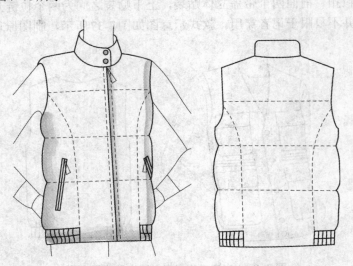

图7-39　夹克式防寒背心款式示意图

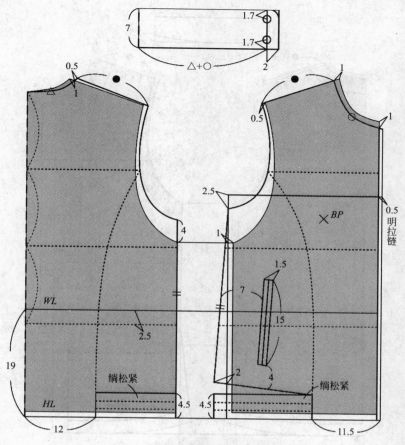

图7-40　夹克式防寒背心制图原理

3. 中式立领镶边背心

实例：设计说明

这是一款典型的中式背心。立领，前对襟，侧缝开衩，设袖窿省。在领口、门襟止口、摆衩和袖窿处镶异料或异色宽边，钉直纽襻或盘花扣。一般作为外衣穿着，可与裙子、裤子和旗袍配穿。款式示意图如图7-41所示，制图原理如图7-42所示。

图7-41　中式立领镶边背心款式示意图

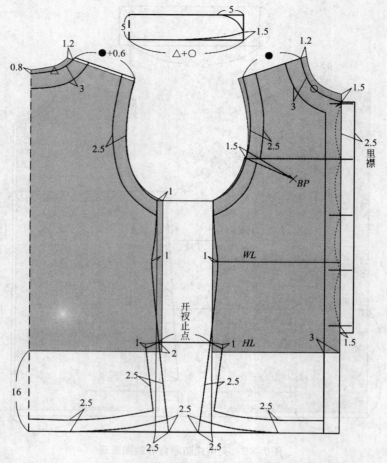

图7-42　中式立领镶边背心制图原理

4. 中西式立领刀背缝背心

实例：设计说明

这是一款中西式背心。采用中式立领、对襟、扣襻，西式刀背缝，前圆角下摆，侧缝开衩。适合秋冬季穿着，可与裙子和裤子配穿。款式示意图如图7-43所示，制图原理如图7-44所示。

图7-43　中西式立领刀背缝背心款式示意图

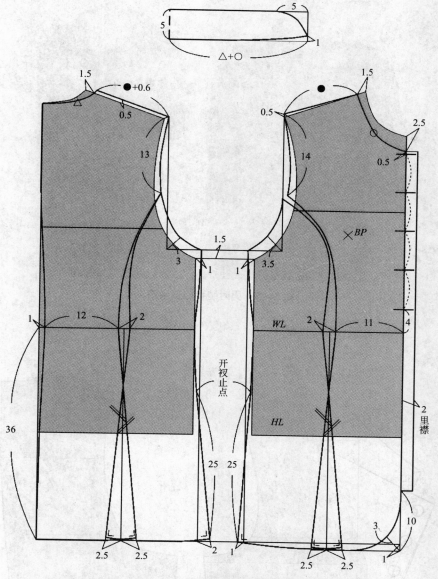

图7-44 中西式立领刀背缝背心制图原理

第二节 时尚背心裁剪实例

当今社会时尚潮流瞬息万变，二次原型仅能适应经典款式制板是远远不够的。因此，本章使用二次原型绘制男、女时尚背心各一例，以说明二次原型在时装设计中的作用。

一、男时装背心

款式示意图如图7-45所示，此款时装背心是在礼服背心的基础上，加入西服套装的设计元素演变而来，因此使用礼服背心原型进行制板较方便、快捷。制图原理如图7-46所示。

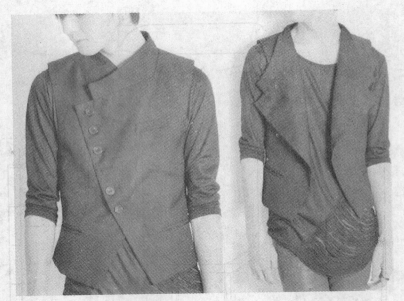

图 7-45　男时装背心效果图

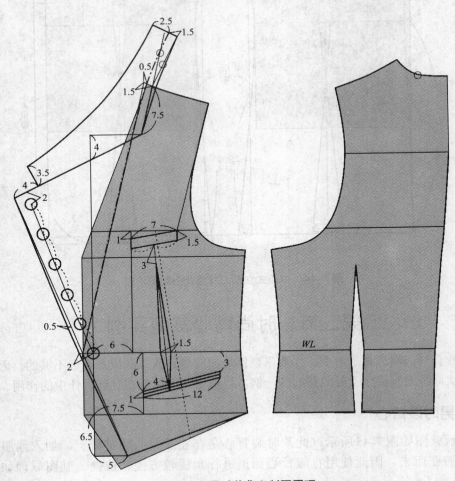

图 7-46　男时装背心制图原理

二、女时装背心

款式示意图如图7-47所示，此款时装背心与经典背心的差异较大，对于二次原型的选择要更多地从适应胸围尺寸的角度考虑。此款背心是春、秋季节套穿于衬衫外的背心，因此选择胸围放松量为6cm的套装背心原型更合适。制图原理如图7-48所示，样片最终展开形态如图7-49所示。

图7-47　女时装背心效果图

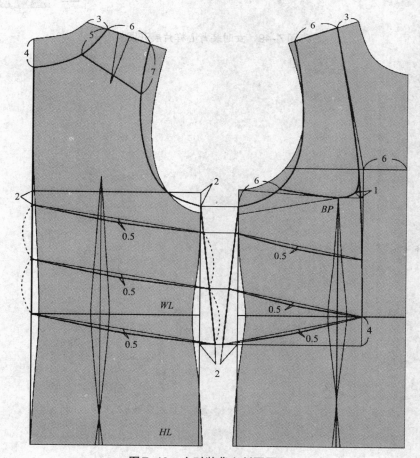

图7-48　女时装背心制图原理

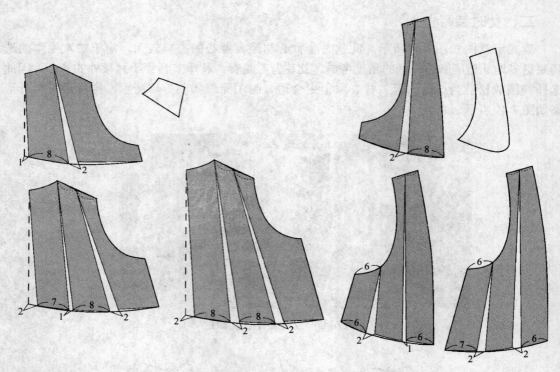

图7-49　女时装背心样片展开图

第八章　背心缝制

第一节　西装背心

一、西装背心裁剪

1. 款式说明

根据丝绸、毛料、皮革等不同面料，以及穿着目的，背心在各个季节都能广泛地被穿用。短背心是基本设计款。前衣身与后衣身的面料不同，领围、前门襟、下摆根据设计变化而制作。款式示意图如图8-1所示。使用与套装相同的面料，可以三件套穿着。

2. 用料

（1）面料　宽度150cm，用量60cm。

（2）里料　宽度90cm，用量80cm。

（3）粘合衬　宽度90cm，用量前衣身长+10～15cm。

图8-1　西装背心款式示意图

3. 原型省道处理

（1）后衣身　背心的里面穿着羊毛衫和衬衫的厚度需要加入松量，肩省的1/2量作为松量转移到袖窿中。剩下的省道量，作为缩缝量在肩宽处分散。

（2）前衣身　胸省的1/4量作为袖窿松量，如图8-2所示。

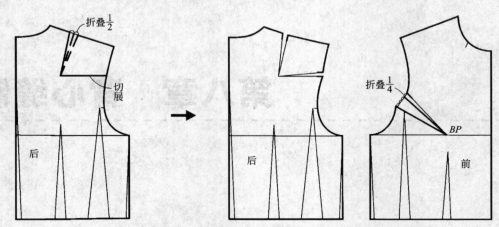

图8-2　西装背心原型省道处理

4. 作图要点

由前衣身、后衣身两片构成。为了保证中臀尺寸，衣长要一直拉展到臀围线为止，再根据廓型画出下摆线。挂面宽度在前门襟下摆处的形状要宽一点。袖窿省转移到腰省处，如图8-3、图8-4所示。

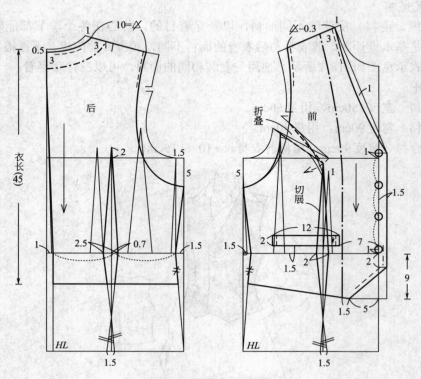

图8-3　西装背心裁剪图

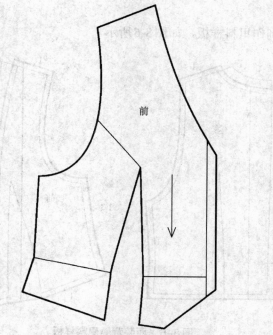

图8-4 西装背心折叠袖窿省

5. 面料样板

制作面料样板，加缝份及各种标记，如图8-5所示。

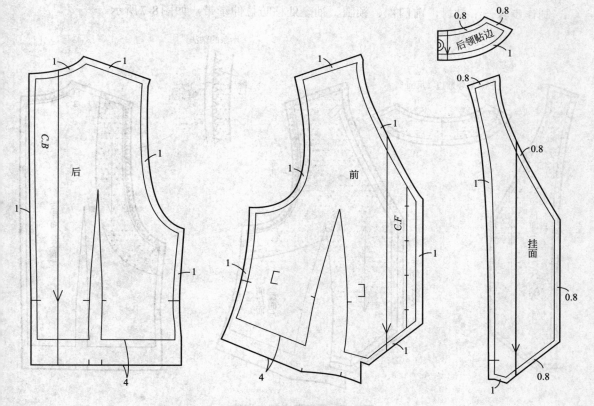

图8-5 西装背心面料样板

6. 里料样板

根据面料样板来制作里料样板，如图8-6所示。

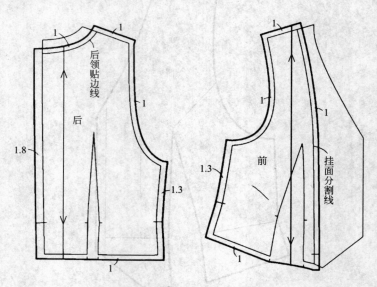

图8-6　西装背心里料样板

二、西装背心缝制

制作步骤一：粘衬，前门襟、领围、袖窿处粘防拉伸牵带，如图8-7所示。

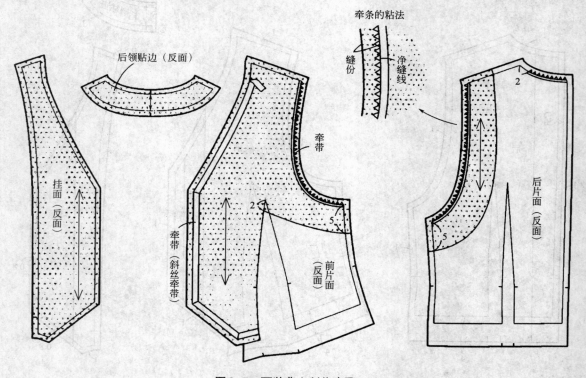

图8-7　西装背心制作步骤一

制作步骤二：车缝省道、后中心，如图8-8所示。

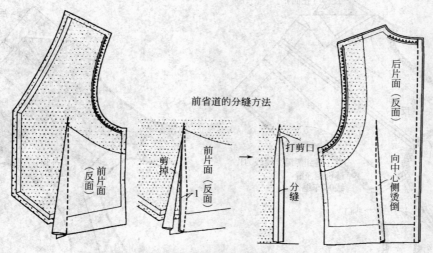

前省道的分缝方法

图8-8 西装背心制作步骤二

制作步骤三：做口袋、缝合肩线，如图8-9所示。

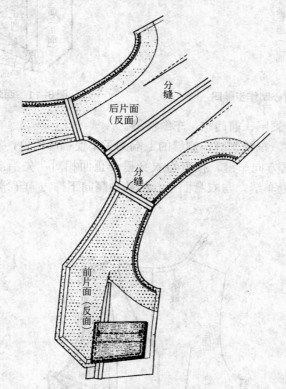

图8-9 西装背心制作步骤三

制作步骤四：缝制衣身里子，并且缝合挂面、后领贴边，衣身面子和衣身里子正面相对，车缝前门襟、领围、袖窿，如图8-10所示。

制作步骤五：翻到正面，整理前门襟、领围、袖窿。

从后衣身的面子和里子之间把前衣身从肩线处拉出来，将衣身翻到正面，如图8-11所示。

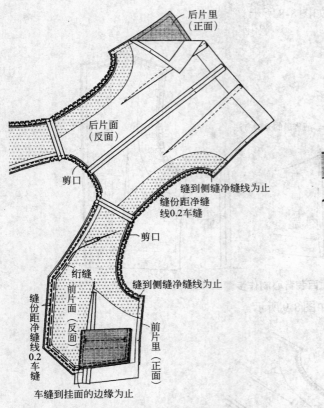

图8-10 西装背心制作步骤四

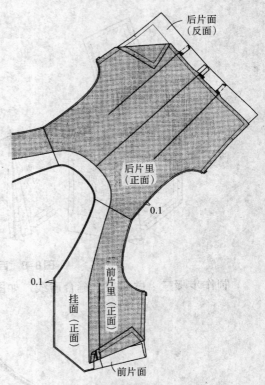

图8-11 西装背心制作步骤五

制作步骤六：绗缝领围、前门襟，车缝侧缝。

衣身面子正面相对，车缝侧缝。侧缝的上端为了不使袖窿错位，首先用针固定，然后从袖窿净缝线出来向下摆方向车缝。接着将衣身里子正面相对，先沿净缝线绗缝，再在缝份距净缝线0.2～0.3cm处车缝，与衣身面子一样从袖窿向下摆方向车缝，缝份向后衣身烫倒，如图8-12所示。

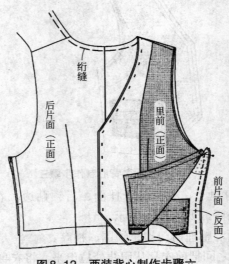

图8-12 西装背心制作步骤六

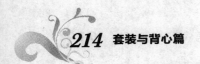

制作步骤七：处理下摆，前门襟、领围、袖窿处缉明线；锁圆头扣眼，钉纽扣，如图 8-13 所示。

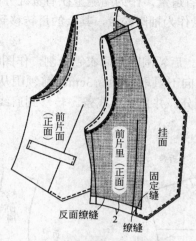

图8-13　西装背心制作步骤七

第二节　休闲背心

以休闲长背心裁剪、缝制为例，叙述如下。

一、长背心裁剪

长度完全遮住臀部的背心，在分割线处做出轮廓造型，非常贴合身体。后衣领是从前衣身开始连续裁剪分割的。这个例子的口袋是利用摆缝制作的，也可以是宽嵌线袋和有袋盖口袋。款式示意图如图8-14所示。

1. 用料

（1）面料　宽度150cm，用量110cm。

（2）里料　宽度90cm，用量170cm。

（3）粘合衬　宽度90cm，用量前衣身长+10cm。

图8-14　长背心款式示意图

2. 原型省道处理

（1）后衣身　因为背心下面穿着羊毛衫和衬衫有厚度，需要加入松量，肩省的1/2量作为松量转移到袖窿中。剩下的省道量，作为缩缝量在肩宽处分散。

（2）前衣身　胸省的1/4量作为袖窿松量，其余的量转移到肩线处。

3. 作图要点

由分割线切割的四片构成。后领围因为后衣领分割，作图时要先从侧颈点开始沿肩线延长1cm，然后从这个位置开始向下量取后领高3cm。前领围从侧颈点开始先延长肩线1cm，然后从这个点开始画出后领部分，并且修正线条。转移到肩线的胸省量，转移到分割线中，如图8-15～图8-17所示。

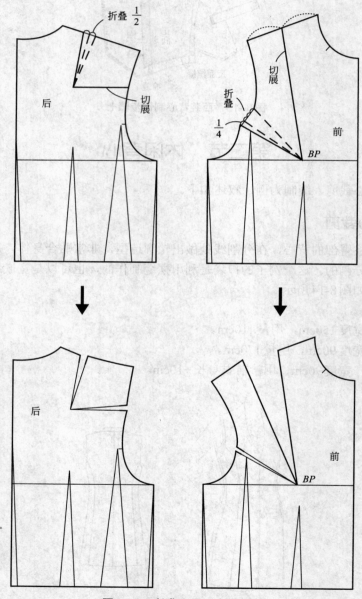

图8-15　长背心原型省道处理

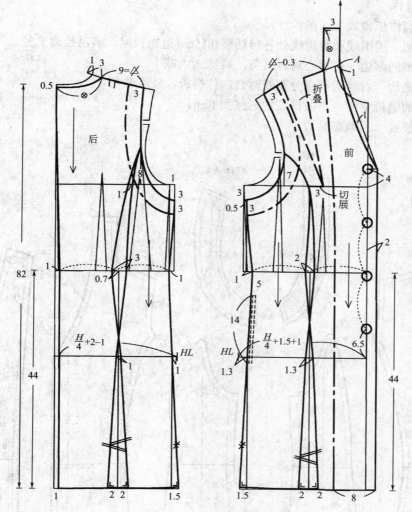

图8-16 长背心裁剪图

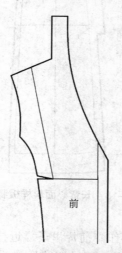

前

图8-17 长背心前片省的处理

4．样板制作

挂面样板制作步骤如下（图8-18）。

（1）前挂面　腰围线和臀围线处各自切展0.15cm追加长度，满足挂面平整。

（2）后领围的贴边　后中心对合裁剪，肩宽适当减小。

（3）袖窿贴边　衣身的袖窿分割线对合制作样板，连续裁剪。

（4）摆缝的缝份宽度　不做口袋的时候为1cm。

（5）面子样板　后袖窿贴边。

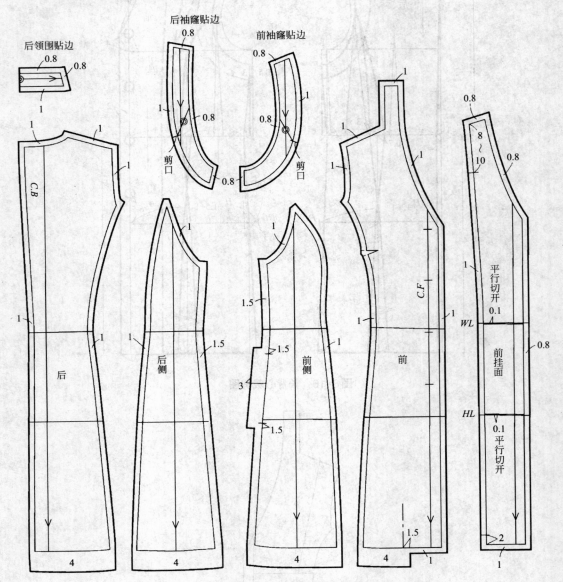

图8-18　长背心面料样板制作

5．里料样板

与挂面缝合的前衣身里子样板制作，前片里子靠近挂面一侧，在腰围线和臀围线各自切展0.3cm以追加长度。与挂面的长度差，通过缩缝处理，如图8-19所示。

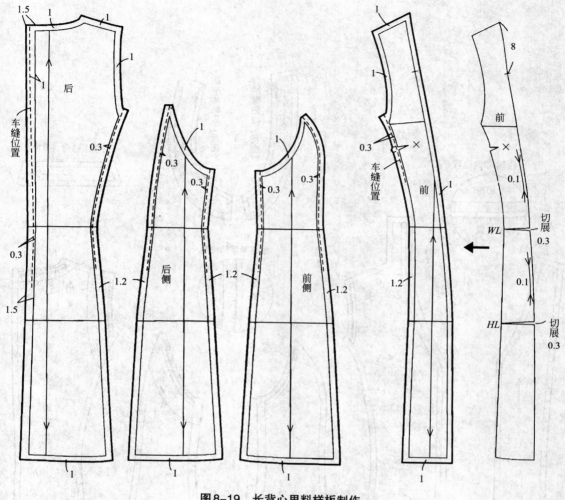

图8-19　长背心里料样板制作

二、长背心缝制

制作步骤一：粘衬，前门襟、领围、袖窿处粘防拉伸牵带，再粘增强牵带，如图8-20所示。

制作步骤二：缝前后袖窿分割线、后中心线。缝摆缝，做口袋，如图8-21所示。

制作步骤三：缝合领的后中缝、肩，装领。缝合前挂面和后领围贴边、缝合袖窿贴边，如图8-22所示。

制作步骤四：装挂面、下摆缲缝。衣身和挂面正面相对，离开净缝线0.2cm往缝份一侧车缝。为使弧线部分平服，加入剪口，挂面翻到正面，控制相差0.1cm翻折。下摆在净缝线处翻折，反面缲缝。缝衣身里子。里料为了吻合面料的拉伸，在反面离开净缝线0.2～0.3cm处车缝，翻至正面沿着净缝线熨烫0.2～0.3cm的折叠量作为宽松量预存。下摆三折边车缝，如图8-23所示。

制作步骤五：袖窿贴边和衣身里子缝合。袖窿贴边和衣身里子正面相对，肩、侧缝之间的剪口对齐车缝，缝份向衣身里子一侧倾倒。领围贴边和衣身里子缝合。

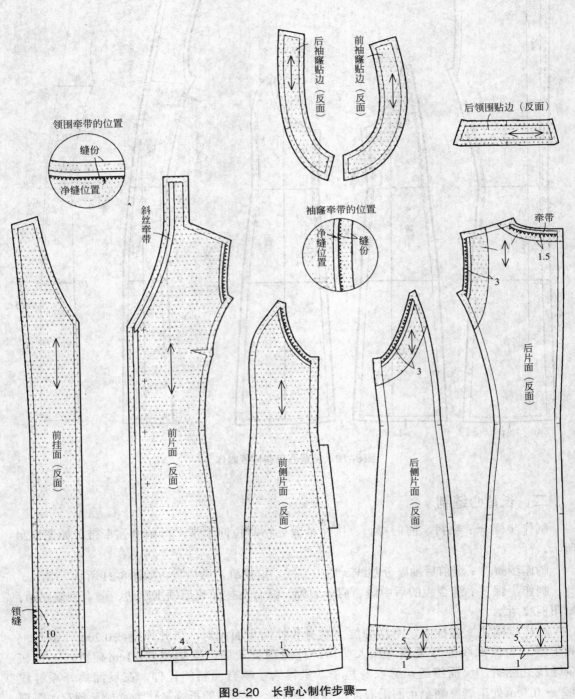

领围牵带的位置
缝份
净缝位置

后袖窿贴边（反面）
前袖窿贴边（反面）

后领围贴边（反面）

斜丝牵带

袖窿牵带的位置
净缝位置
缝份

牵带
1.5
3

前挂面（反面）

锁缝
10

前片面（反面）

前片面（反面）

后侧片面（反面）

后片面（反面）

4
1

1

3

5
1

5
1

图8-20　长背心制作步骤一

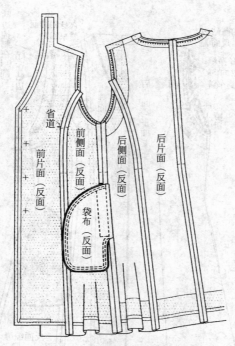

图8-21　长背心制作步骤二

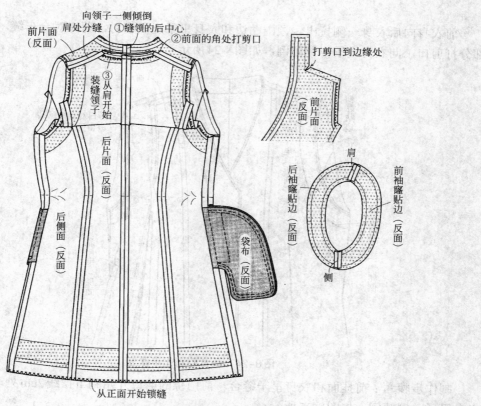

图8-22　长背心制作步骤三

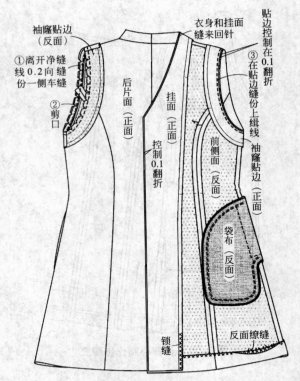

图8-23　长背心制作步骤四

前衣身向后衣身一侧拉出，领围贴边和衣身里子正面相对，剪口对合车缝。缝份在弧线部分打剪口，向衣身里子一侧倾倒，如图8-24所示。

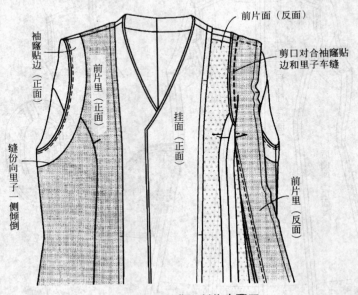

图8-24　长背心制作步骤五

制作步骤六：前挂面和衣身里子缝合。前门襟的剪口开始到下摆线2cm处车缝，缝份向衣身里子一侧倾倒，如图8-25所示。

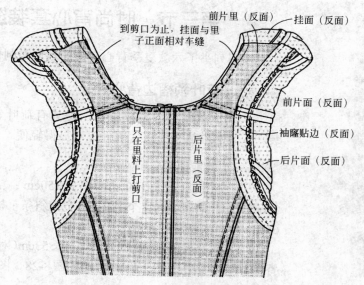

前片里（反面） 挂面（反面）

到剪口为止，挂面与里子正面相对车缝

前片面（反面）

只在里料上打剪口

后片里（反面）

后片面（正面）

袖隆贴边（反面）

后片面（反面）

图8-25　长背心制作步骤六

制作步骤七：衣身面子和衣身里子的侧缝处绗缝固定，再翻到正面整理，后领围的缝份绗缝，衣身面子和衣身里子的侧缝下摆钉线襻固定，如图8-26所示。

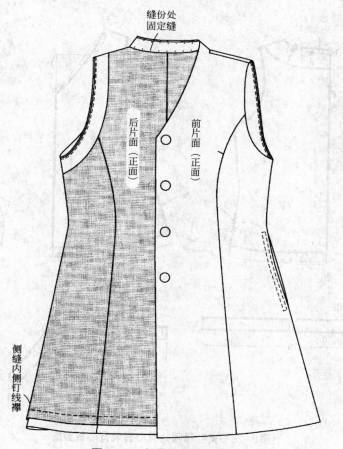

缝份处固定缝

后片面（正面）

前片面（正面）

侧缝内侧钉线襻

图8-26　长背心制作步骤七

第三节　时尚背心套装缝制

以下列举了六款夏季背心套装的裁剪与制作。

一、荷叶领褶边背心套装

款式示意图如图8-27所示，是具有荷叶领褶边的背心套装。成套穿着显得庄重，单件穿着显得轻便。

（一）裁剪要点

（1）材料　面料150cm，幅宽150cm；粘合衬90cm，宽30cm；纽扣直径1cm 1个；1.2cm宽的斜条；橡胶带1.5cm，宽65cm。

（2）成衣尺寸　胸围94cm，衣长53cm（对应S～M规格），臀围100cm，裙长66cm。裁剪图如图8-28、图8-29所示。

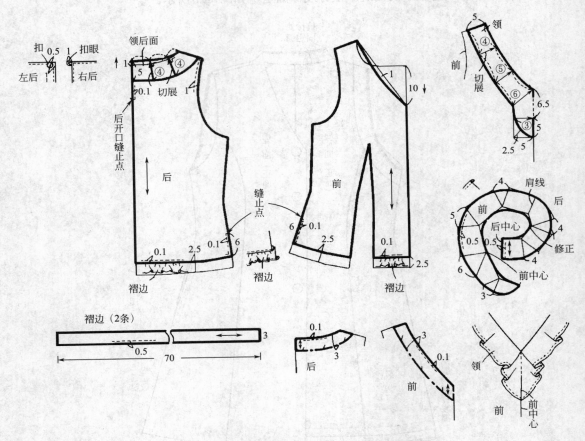

图8-28　荷叶领褶边背心套装背心裁剪图

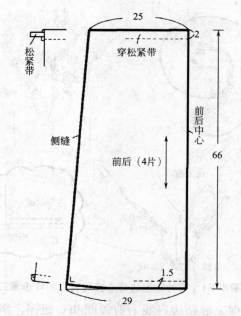

图8-29 荷叶领褶边背心套装裙子裁剪图

（二）缝制要点

1. 背心制作

制作步骤一：缝褶、缝合前中心线、缝肩线，如图8-30所示。

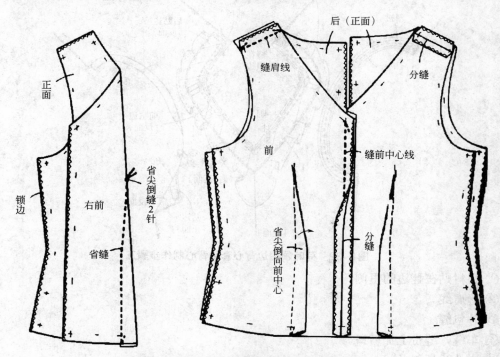

图8-30 荷叶领褶边背心套装背心制作步骤一

制作步骤二：做领圈，如图8-31所示。

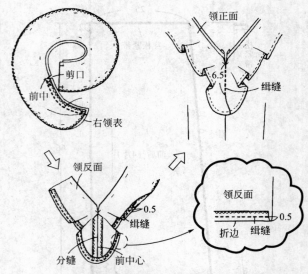

图8-31　荷叶领褶边背心套装背心制作步骤二

制作步骤三：做布纽襻；缝贴边肩线；剪领圈和布纽襻，绱贴边，如图8-32所示。缝袖窿的制作步骤如下。

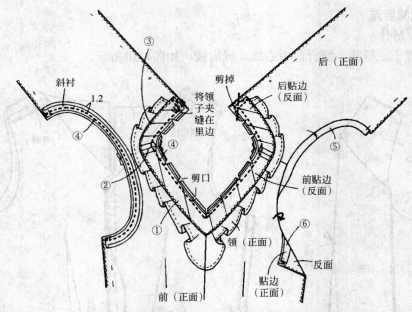

图8-32　荷叶领褶边背心套装背心制作步骤三

① 将衬贴在翻边的里侧。

② 缝肩线。

③ 外包缝。

④ 车缝，缝份上加剪口。

⑤ 熨斗烫折斜条。

⑥ 将斜条沿缝迹线折向里侧。

制作步骤四：缝后中心线，做开衩，缝肋线，如图8-33所示。

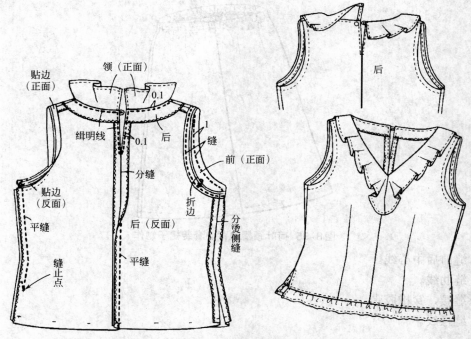

图8-33　荷叶领褶边背心套装背心制作步骤四

制作步骤五：绱摆圈、做肋开衩、钉扣，如图8-34所示。

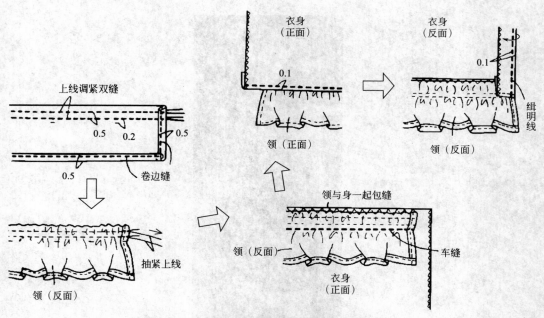

图8-34　荷叶领褶边背心套装背心制作步骤五

2. 裙子制作

如图8-35所示，裙子的缝制步骤如下。

图8-35　荷叶领褶边背心套装裙子制作

① 缝前后中心线。
② 缝肋线。
③ 缝腰，穿橡胶带。
④ 缝摆线。

二、怀旧气息褶边背心套装

此款为具有怀旧的气息，褶边的背心套装。整体设有底布和其他布料。款式示意图如图8-36所示。

图8-36　怀旧气息褶边背心套装成衣照片

（一）裁剪要点

（1）用料　面料150cm，幅宽150cm；另料（起毛棉布）110cm，宽140cm；粘合衬90cm，宽80cm；裤钩（小）1副；扣襻4副。

（2）成衣尺寸

① 胸围91cm，衣长56.5cm（对应S～M规格）。

② 腰围66cm，臀围98cm，裙长64.5cm。

（3）裁剪要点　背心裁剪图如图8-37所示，裙子裁剪图如图8-38所示，按照制图进行修正使用，纸样展开图如图8-39所示。不用贴边纸样。粘合衬粘贴在翻边、拉链空处。

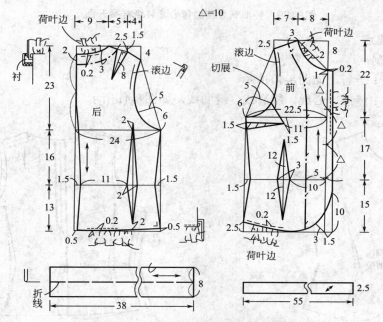

图8-37　怀旧气息褶边背心套装背心裁剪图

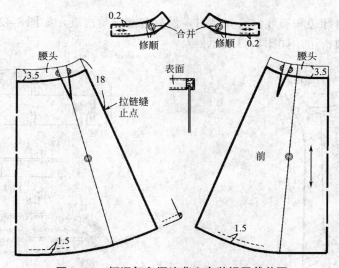

图8-38　怀旧气息褶边背心套装裙子裁剪图

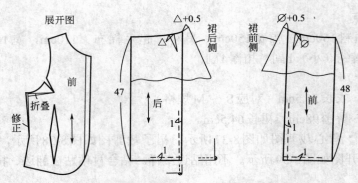

图8-39　怀旧气息褶边背心套装纸样展开图

（二）缝制要点

1．背心缝制

制作步骤一：缝省，如图8-40所示。

制作步骤二：缝后中心线，缝肩线，缝肋线，如图8-41所示。

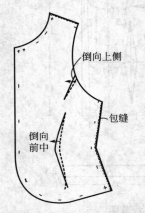

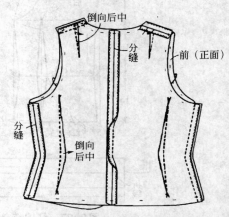

图8-40　怀旧气息褶边背心套装背心制作步骤一　　　图8-41　怀旧气息褶边背心套装背心制作步骤二

制作步骤三：缝翻边和肩线，首先粘衬，然后包缝、缝肩缝，如图8-42所示。

制作步骤四：做折边，如图8-43所示。

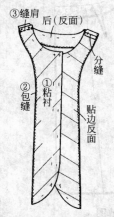

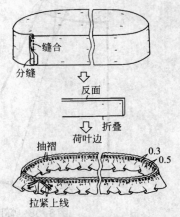

图8-42　怀旧气息褶边背心套装背心制作步骤三　　　图8-43　怀旧气息褶边背心套装背心制作步骤四

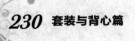

制作步骤五：绱折边，在袖窿上绱滚条，绱扣襻，如图8-44所示。

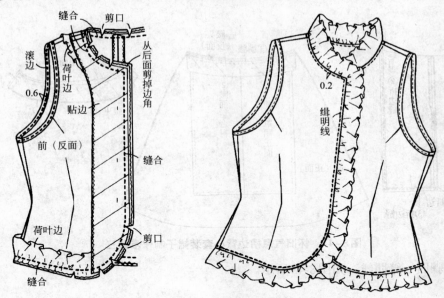

图8-44 怀旧气息褶边背心套装背心制作步骤五

2. 裙子缝制

裙子的缝制顺序如下。

制作步骤一：做短罩裙，如图8-45所示。

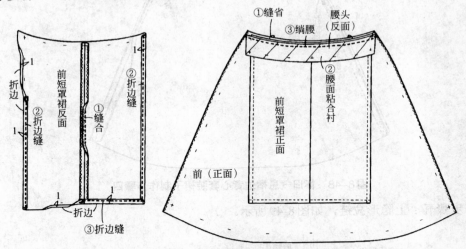

图8-45 怀旧气息褶边背心套装裙子制作步骤一

制作步骤二：缝合表带和裙子，如图8-46所示。

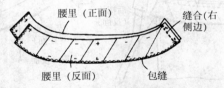

图8-46 怀旧气息褶边背心套装裙子制作步骤二

制作步骤三：缝合里带的右肋线，如图8-47所示。

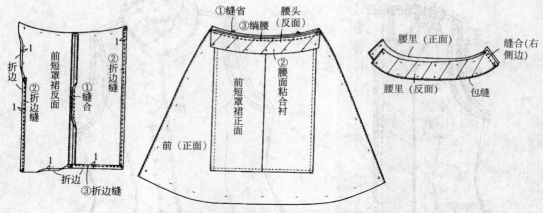

图8-47 怀旧气息褶边背心套装裙子制作步骤三

制作步骤四：缝肋线，如图8-48所示。

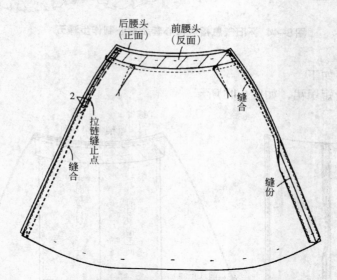

图8-48 怀旧气息褶边背心套装裙子制作步骤四

制作步骤五：上隐形拉链，如图8-49所示。

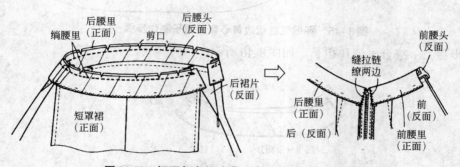

图8-49 怀旧气息褶边背心套装裙子制作步骤五

制作步骤六：上里带、缝摆线，如图8-50所示。

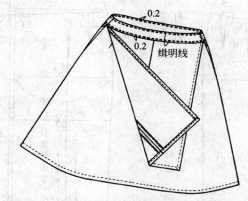

图8-50　怀旧气息褶边背心套装裙子制作步骤六

三、和服风格背心套装

此款为和服风格的背心套装，款式示意图如图8-51所示。

（一）裁剪要点

（1）用料　面料150cm，幅宽150cm；里料（裙子部分）90cm，宽2m；粘合衬20cm，宽95cm；粘接带1cm，宽约210cm；开式拉链50cm 1根；裤钩（小）1副；按扣2副；饰带0.3cm，宽约70cm。

（2）成衣尺寸

① 胸围91cm，衣长52cm（对应S～M规格）。

② 腰围72cm，臀围96cm，裙子长90cm。

（3）裁剪要点　背心套装的纸样裁剪图如图8-52、图8-53所示。粘合衬粘贴于贴边。

图8-51　和服风格背心套装成衣照片

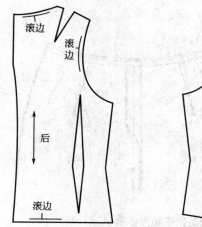

图8-52　和服风格背心套装背心裁剪图

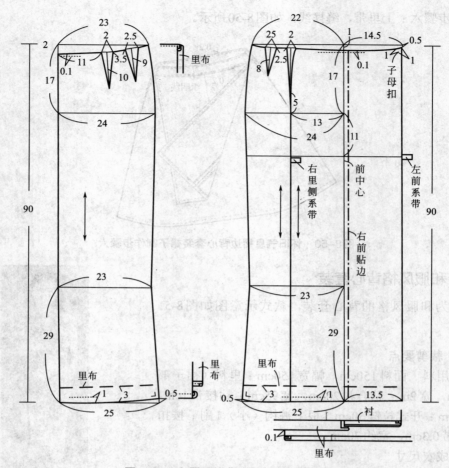

里布

里布

里布

子母扣

右里侧系带

前中心

右前贴边

左前系带

衬

里布

图8-53　和服风格背心套装裙子裁剪图

（二）制作要点

背心制作方法与步骤参考上款，裙子制作步骤如下。

制作步骤一：缝褶、缝后中心线，如图8-54所示。

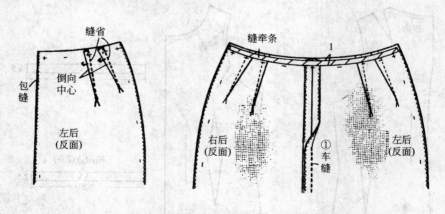

缝省

缝牵条

包缝

倒向中心

左后
（反面）

右后
（反面）

左后
（反面）

① 车缝

图8-54　和服风格背心套装裙子制作步骤一

制作步骤二：缝前拼接线，缝肋线，如图8-55所示。

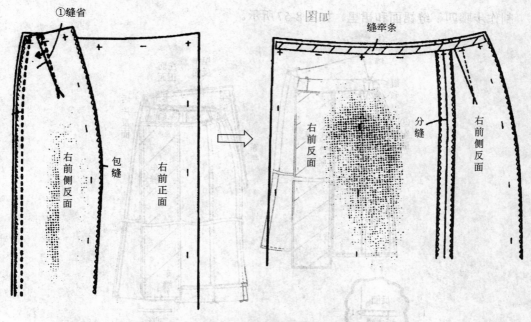

①缝省

缝牵条

包缝

右前正面

右前反面

分缝

右前侧反面

右前侧反面

图8-55　和服风格背心套装裙子制作步骤二

制作步骤三：做里布裙子，绷贴边，如图8-56所示。

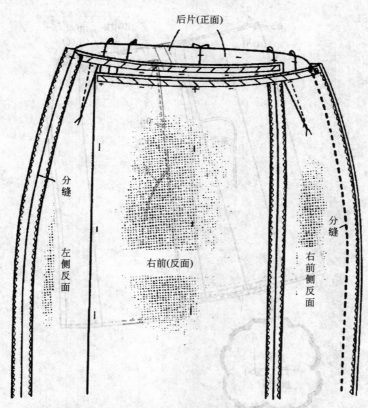

后片(正面)

分缝

左侧反面

右前(反面)

分缝

右前侧反面

图8-56　和服风格背心套装裙子制作步骤三

制作步骤四：缝裙面和裙里，如图8-57所示。

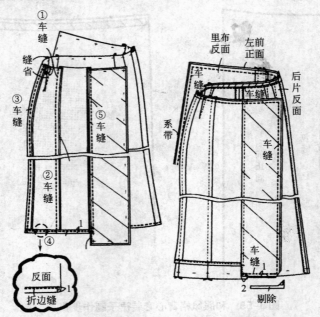

图8-57　和服风格背心套装裙子制作步骤四

制作步骤五：缝摆线、上按扣，如图8-58所示。

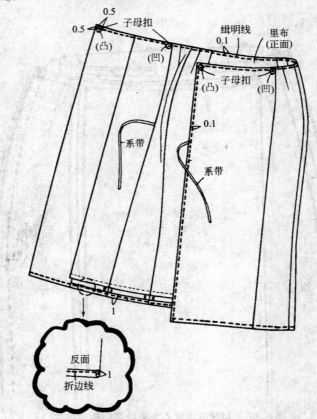

图8-58　和服风格背心套装裙子制作步骤五

四、仿古时尚风格背心套装

此款是具有仿古和时尚风格的背心套装。款式示意图如图8-59所示。

（一）裁剪要点

（1）材料　面料150cm，幅宽150cm；粘合衬90cm，宽20cm；纽扣直径1cm 1个；1.2cm宽的斜条；橡胶带1.5cm，宽65cm。

（2）成衣尺寸

① 胸围94cm，衣长55.5cm（对应S～M规格）。

② 臀围100cm，裙长75cm。

（3）裁剪要点　粘合衬贴在翻边处，背心裁剪图如图8-60所示，背心展开图如图8-61所示，裙子裁剪图如图8-62所示。

图8-59　仿古时尚风格背心套装成衣照片

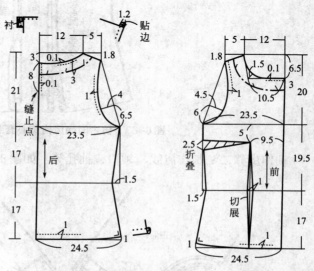

图8-60　仿古时尚风格背心套装背心裁剪图

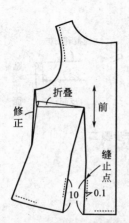

图8-61　仿古时尚风格背心套装背心展开图

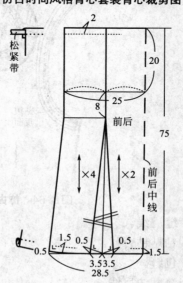

图8-62　仿古时尚风格背心套装裙子裁剪图

（二）背心套装制作方法

1．背心制作步骤

制作步骤一：制作布圈，缝褶、做开衩，缝前中心线，如图8-63所示。

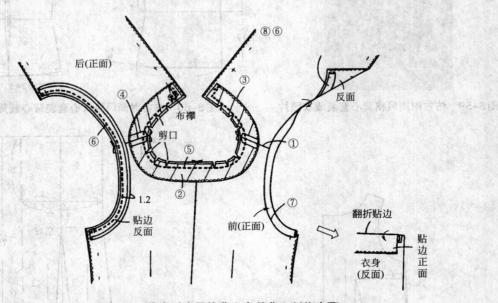

前(反面)

分缝

缝省
后下
部分缝

0.1
明线

包缝

省省
尖
点点
固
定
线

剪切

缝省缝止点

包缝

图8-63　仿古时尚风格背心套装背心制作步骤一

制作步骤二：制作肩线、领口、袖孔等，如图8-64所示。详细步骤如下。

后(正面)

⑧⑥

④

③

布襻

剪口

⑥

⑤

②

①

反面

1.2

贴边
反面

前(正面)

⑦

翻折贴边

贴边
正面

衣身
(反面)

图8-64　仿古时尚风格背心套装背心制作步骤二

① 缝肩线。

② 粘贴粘合衬。

③ 包缝。

④ 缝翻边肩线。

⑤ 车缝。

⑥ 将斜条倒向外侧。

⑦ 将斜条沿缝迹线折向里侧。

制作步骤三：缝翻边肩线、缝袖窿、绲翻边、缝后中心线，如图8-65所示。

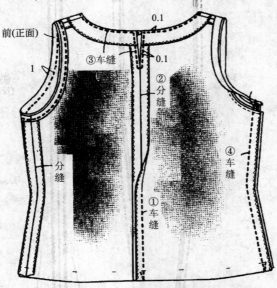

图8-65 仿古时尚风格背心套装背心制作步骤三

制作步骤四：做开衩、缝肋线、缝摆线、钉扣，如图8-66所示。

图8-66 仿古时尚风格背心套装背心制作步骤四

2. 裙子的缝制顺序

制作步骤一：缝拼接线、缝肋线，如图8-67所示。

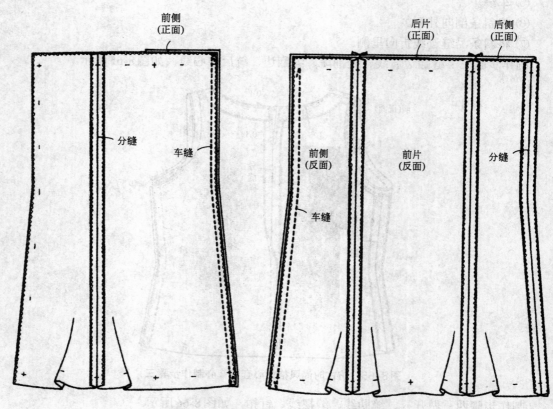

图8-67　仿古时尚风格背心套装裙子制作步骤一

制作步骤二：穿橡筋带，缝摆线，如图8-68所示。

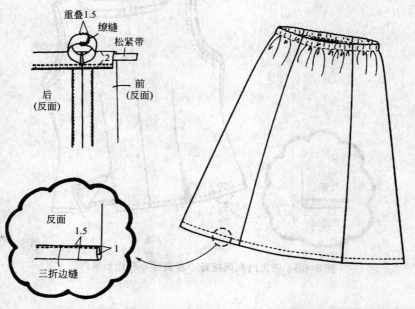

图8-68　仿古时尚风格背心套装裙子制作步骤二

五、优雅风格背心套装

此款为具有优雅风格的背心套装。款式示意图如图8-69所示。

（一）裁剪要点

（1）材料 面料150cm，幅宽150cm；粘接带1cm，宽约140cm；开式拉链50cm 1根；隐形拉链20cm 1根；橡胶带0.3cm，宽5cm；裤钩（小）2副。

（2）成衣尺寸

① 胸围91cm，衣长52cm（对应S～M规格）。

② 腰围66cm，臀围108cm，裙长61.5cm。

（3）裁剪要点 裁剪图如图8-70所示，粘接带贴在拉链空处。

图8-69 优雅风格背心套
装成衣照片

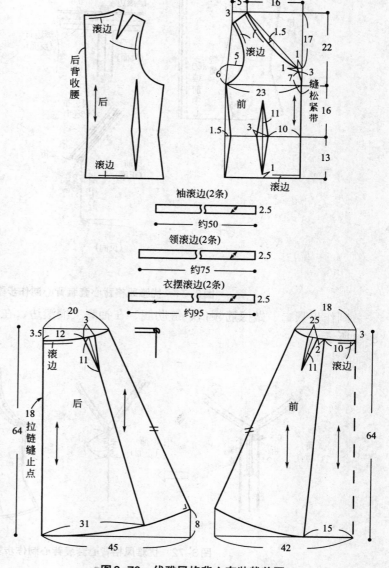

图8-70 优雅风格背心套装裁剪图

（二）套装制作方法

1. 背心制作

制作步骤一：缝褶、缝前中心线、缝肩线、上开式拉链、在领口上缲卷布，如图8-71所示。

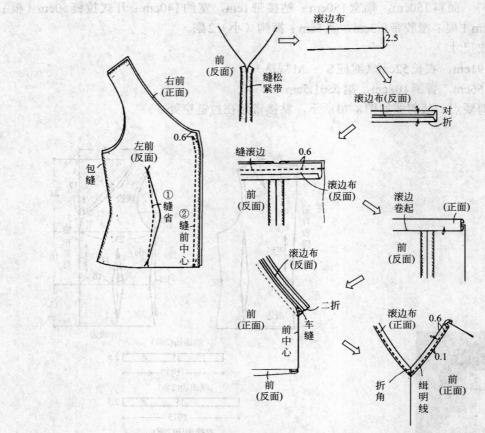

图8-71 优雅风格背心套装背心制作步骤一

制作步骤二：做橡筋领口、缝肋线、在袖窿上缲滚边、在摆线上缲滚边、上挂钩，如图8-72所示。

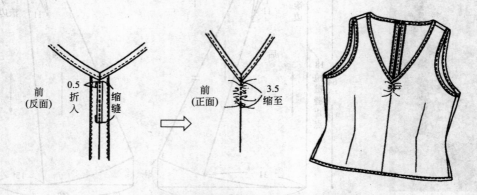

图8-72 优雅风格背心套装背心制作步骤二

裙子制作顺序如下，如图8-73所示。

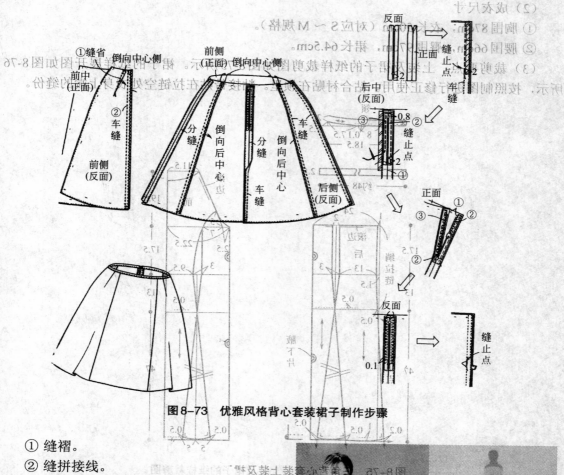

图8-73　优雅风格背心套装裙子制作步骤

① 缝褶。
② 缝拼接线。
③ 缝后中心线。
④ 上隐蔽式拉链。
⑤ 缝肋线。
⑥ 在腰上缉滚边。
⑦ 缝摆线。
⑧ 上裤钩。

六、三角背心套装

此款为三角背心套装，单件也很常用。款式示意图如图8-74所示。

（一）裁剪要点

（1）材料　面料150cm，幅宽150cm；里料（裙子部分）90cm，宽180cm；粘合衬50cm，

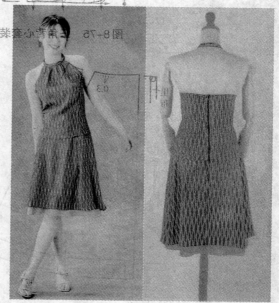

图8-74　三角背心套装成衣照片

宽20cm；粘接带1cm，宽约200cm；扣襻1副；开式拉链50cm 1根；隐形拉链20cm 1根；裤钩（小）2副。

（2）成衣尺寸

① 胸围87cm，衣长50cm（对应S～M规格）。

② 腰围66cm，臀围97cm，裙长64.5cm。

（3）裁剪要点　上装及裙子的纸样裁剪图如图8-75所示。裙子的纸样展开图如图8-76所示，按照制图进行修正使用。粘合衬贴在领里。粘接带贴在拉链空处衣身上端的缝份。

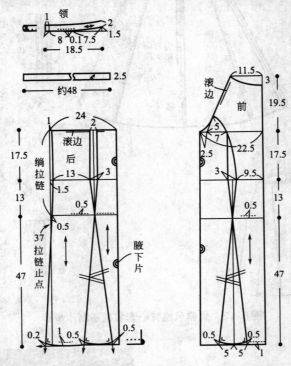

图8-75　三角背心套装上装及裙子的纸样裁剪图

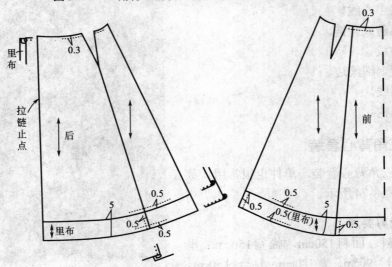

图8-76　三角背心套装裙子的纸样展开图

（二）制作要点

1. 背心制作

制作步骤一：缝前中心线、缝肋布和前后衣片、缝省，如图8-77所示，制作步骤如下。

① 贴粘接带。

② 包缝。

③ 车缝，劈开缝份。

④ 车缝。

⑤ 车缝，缝份倒向肋布一侧。

⑥ 贴粘接带。

⑦ 调紧上线，大针脚车缝2根明线。

⑧ 拉紧上线，抽褶。

制作步骤二：上开式拉链、绲卷布，如图8-78所示。

制作步骤三：做领、绲领，如图8-79所示。

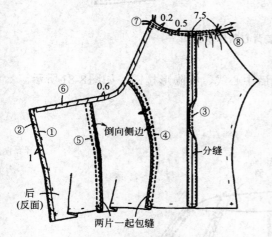

图8-77 三角背心套装背心制作步骤一

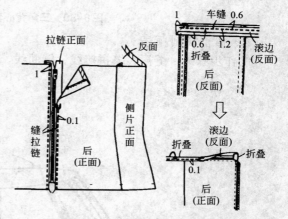

图8-78 三角背心套装背心制作步骤二

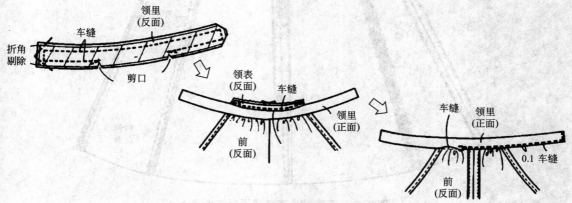

图8-79 三角背心套装背心制作步骤三

制作步骤四：缝摆线、上扣襻和上裤钩，如图8-80所示。

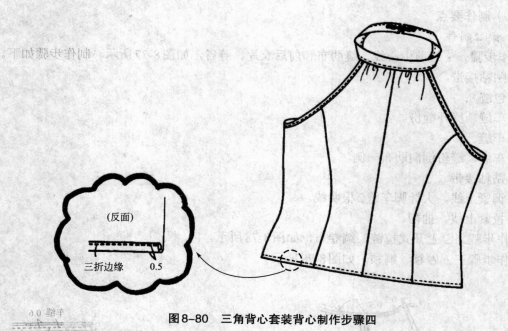

（反面）

三折边缘   0.5

图8-80　三角背心套装背心制作步骤四

2. 裙子缝制顺序

制作步骤一：缝褶、缝拼接线、缝肋线、缝后中心线、绱隐形拉链，如图8-81所示。

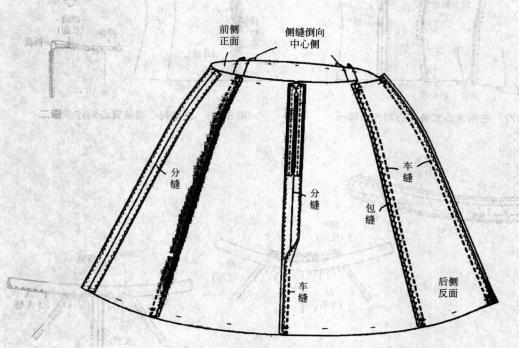

前侧
正面

侧缝倒向
中心侧

分缝

分缝

车缝

包缝

车缝

后侧
反面

图8-81　三角背心套装裙子制作步骤一

制作步骤二：做裙里，如图8-82所示。

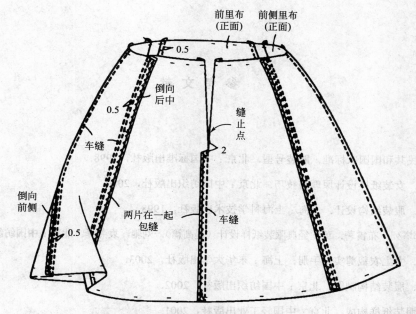

图8-82　三角背心套装裙子制作步骤二

制作步骤三：对合裙子里表，缝合腰线，如图8-83所示。

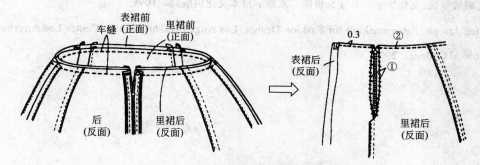

图8-83　三角背心套装裙子制作步骤三

制作步骤四：缝摆线、上裤钩等，如图8-84所示。

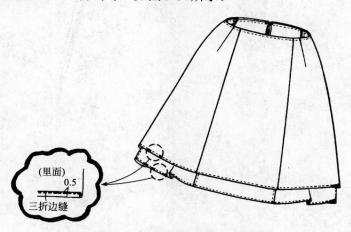

图8-84　三角背心套装裙子制作步骤四

参 考 文 献

［1］中华人民共和国国家标准．服装号型．北京：中国标准出版社，1998．

［2］刘瑞璞．女装纸样设计原理与技巧．北京：中国纺织出版社，2000．

［3］蒋锡根．服装结构设计．上海：上海科学技术出版社，1998．

［4］［英］娜塔列·布雷著．英国经典服装纸样设计（提高篇）．刘驰，袁燕译．北京：中国纺织出版社，2000．

［5］鲍卫君．女上衣裁剪实用手册．上海：东华大学出版社，2003．

［6］吕学海．服装结构制图．北京：中国纺织出版社，2002．

［7］袁燕．服装纸样构成．北京：中国轻工业出版社，2001．

［8］先梅．服装梅式原型直裁法讲座．北京：中国纺织出版社，2000．

［9］文化服装学院．文化ファッション讲座．东京：日本文化出版局，1998．

［10］Helen Joseph. Patternmaking for Fashion Design. Los Angeles：The Fashion Center Los Angeles Trade-technical College，2001.